掬水闻香
话赌石

U0259990

云南永徽文化传播有限公司　策划

掬水闻香　独坐幽篁◎著

云南出版集团

云南人民出版社

图书在版编目（CIP）数据

掬水闻香话赌石 / 独坐幽篁，掬水闻香著． -- 昆明：
云南人民出版社，2016.5
　ISBN 978-7-222-14586-3

　Ⅰ．①掬… Ⅱ．①独… ②掬… Ⅲ．①翡翠－鉴赏
Ⅳ．① TS933.21

中国版本图书馆 CIP 数据核字（2016）第 077566 号

掬水闻香话赌石	掬水闻香　独坐幽篁 ◎ 著	
责任编辑	陈浩东　熊　凌	
装帧设计	杜佳颖	
责任校对	苏　娅	
责任印制	马文杰	
出　版	云南出版集团 云南人民出版社	
发　行	云南人民出版社	
地　址	昆明市环城西路 609 号	
邮　编	650034	
网　址	www.ynpph.com.cn	
E - m a i l	ynrms@sina.com	
开　本	787×1092　1/16	
印　张	8	
字　数	200 千	
版　次	2016 年 5 月第 1 版第 1 次印刷	
印　刷	昆明合骧琳彩印包装有限责任公司	
书　号	ISBN　978-7-222-14586-3	
定　价	39.00 元	

如有图书质量及相关问题请与我社联系

审校部电话: 0871-64164626　印制科电话: 0871-64191534

　　翡翠的书难写，翡翠赌石的书更难写！你不在翡翠赌石市场混上它十年八年你就不敢谈赌石，更何况去冒险赚钱了。我经常说，翡翠是有专家的，那些在赌石市场赚了钱的才是专家！

　　这本《掬水闻香话赌石》是至今为止我读过的有深度、有技术、有胆量、不误导人的翡翠赌石大作！

　　《掬水闻香话赌石》从翡翠毛料表皮（皮壳）、松花、蟒带、雾、癣到裂绺都写出了很专业的水平，而且十分深入浅出易懂，说明作者对翡翠赌石研究深刻，亲自经历了赌石生涯。

　　《掬水闻香话赌石》从翡翠的种、底、水、色全面系统地解剖了它的技术含意、技术指标，使人们非常容易读懂掌握。宝石评价按4C标准进行，但翡翠的评价除4C标准外，还多了一个种（质地）、水（温润度，不只是指透明度）。这就是玉文化的博大精深与翡翠赌石的魅力。一般写翡翠书的人是"种"、"底"不分，而能把"种"与"底"分得清的作者就很专业了！

　　《掬水闻香话赌石》还对翡翠玉料的场口特征进行了详细的介绍。为什么写场口（产地），那是因为场口不同的翡翠质量差别巨大，场口不同赌涨的概率不同。写翡翠场口也很难，因为你没有去过这些产地，不对这些场口进行认真考察研究，怎能写出翡翠场口的特征来，从某种特定的条件下来说，赌石就是赌场口。

　　从以上《掬水闻香话赌石》中可以总结出：赌石就是赌胆量，你是否有那个赌的胆？但胆量是建立在赌石的技术基础上，有了技术再有胆量，剩下的就是你有没有钱去赌！没有钱就是靠技术服务也能赚大钱的。胆量、技术与资金是赌石三要素。

　　人生就是赌，赌明天、赌青春、赌未来、赌人生，既然都是赌，那么我们就去用胆量、用技术去赌翡翠吧！

2015年12月9日

　　知道闻香喜爱翡翠、痴迷翡翠，并将自己置身于这些年刘翡翠赌石的实践，也想到过闻香可能会写书；但没有想到的是闻香竟然这么快地出书，而且出的就是关于翡翠赌石的书。

　　从2004年开始，翡翠一直是我国珠宝市场的消费热点，也是社会公众关心的热点，而这其中翡翠赌石就是热点中的热点，这得益于翡翠赌石始终蒙着一层神秘的面纱，翡翠爱好者如痴如醉对赌石的追求背后，缺失的是人们对翡翠赌石的认识，缺乏的是人们对翡翠赌石的了解，这其中包括翡翠赌石的形成、发现、开采及利用。更重要的是研究工作者通过用现代地质学的方法来研究翡翠赌石后发现，翡翠赌石的不确定性至今都无法完全用科学的方法来规范或描述，翡翠赌石认识的困难性将长期存在。

　　闻香出版的这部翡翠赌石的书籍，是通过实践对现实翡翠赌石认识的系统总结，他们试图用翡翠赌石规范的描述学的方法，揭开人们对赌石认识的某种缺憾，相信对翡翠爱好者、研究者是非常有益的。

　　石之美者为玉，玉之王者为翠。玉石翡翠所展示的东方神韵，是中华民族灿烂文化的重要组成部分，也是人类艺术史上的辉煌成就。其源远流长，博大精深，至善至美。除了玉石翡翠，没有哪一种艺术品类可以延续如此绵长的时间，可以涵盖如此广阔的空间。在人类历史上，把玉变成一种文化，融入其精神世界和传统的民族，只有中华民族。玉石翡翠积山川之精，人文之美，可比人，可喻事，可祭天地，可寄托理想，可保健辟邪。玉石翡翠文化千百年来对中华民族的精神、意志、道德、哲理产生着巨大的影响。儒家认定玉有十一德：仁、义、礼、智、信、乐、忠、天、地、道、德。玉石翡翠的传承不仅是文化，是艺术，是哲学，更是一种道德修养。玉石翡翠是有形的智慧结晶和无形的精神领域，她可以洗涤人心，净化人性。玉石翡翠本身就是亿万年天造地就的艺术杰作，世人不得不向她俯首称臣。玉石翡翠的历史远古深邃，是一本难读懂的书。她的学问、内涵博大精深，神秘莫测，水深道险。要解码翡翠之谜，有学不完的学问，做不完的功课，学无止境，学海无涯。把千百年来先贤用血泪乃至生命开拓出来的玉石翡翠发祥的历史文化解码出来，以回应前辈，奉献后人，正是我们责无旁贷的责任和使命。翡翠业内无专家可言，从古及今，没有人敢说对翡翠弄懂了，全通了。前有古人，后有来者，硬玉翡翠只有空前，没有绝后。

　　佛家曰：人生本无物，万境心最宽。与翡翠亿万年的生命相比，与玉无瑕的品质相比，今天人们的疯狂追求似乎只会是一缕即散的云烟，只有真正读得懂玉石翡翠的人，才能拥有其身上所有的财富，而不仅仅是一块漂亮的石头。这让我想起著名的《华严经·入法界品》善财童子参访善知识，都很善于运用空间的语言来说法。善财童子参访第一位善知识，让善财童子学会了倾听山的语言。文殊菩萨开启了善财童子求导之心而展开的朝圣之旅，第一参要善财童子参访在妙高峰上的德云比丘。当善财童子得知他参学修道的老师在妙高峰上，便急切地往妙高峰上攀登。然而登上主峰，却是怎样也寻不到德云比丘。心越急切，愈是没有线索。此刻的善财，一心只想能找到启悟他的德云比丘，却未能静心体会：为什么德云比丘要在妙高峰上寻求？

　　我们往往认为，最珍贵的宝藏必然在第一峰，即使登上第二、第三高峰，也会嗤之以鼻，总以为自己的欲求只有在第一高峰才能得到满足。但是当心目中的第一高峰果真被征服的时候，欲求依旧不满，于是幻想着另一座第一高峰才能满足自己的心愿。他因而不断地追寻，又不断地攀登，却一而再、再而三的迷恋于第一高峰，鄙视别峰。当善财童子不再执着于主峰山顶，他才能知晓这趟寻访德云比丘之行的意义。他的欲求放下了，他的心门也就打开了，他开始懂得欣赏每一座山。主峰有它的高伟，别峰何尝没有它的美丽？他看见了山的壮丽，山的穆静，山的庄严，山的神奇。当他领略到每一座山都是自成宇宙意义时，山即以自身的全然美好，启悟善财童子，使得善财童子回归自然。在纯净、充满生机的情景中，德云比丘出现了。最后偈语云："德云常在妙高峰，行绕山头无定踪。七日既云寻不见，一朝何故却相逢。发心住处师缘合，普见门中佛境容。回首夕阳坡下望，白云青帐万千重。"这其实也是我们学习翡翠相玉的一个过程，每块石头皆有它无量的妙韵，皆有无量的故事，无量的魅力，只有您坚持不懈，最后它的大美才会彰显出来。

　　路漫漫其修远兮，吾将上下而求索！

　　　　　　　　　　　　　　　　　　　　　　掬水闻香于云南昆明

目　录

初学翡翠赌石的人，理论上都知道"种、水、色、工"、场口、皮壳、松花、蟒带等等专业名词，可是真的遇到了翡翠原石、毛料，就瞎了眼，乱了阵脚，不知眼下的石头到底是什么种水、什么色、什么表现、价值几何。这就是基础理论不扎实，实战一团糟的结果。翡翠赌石贵在实战，而不是肤浅的认识和感受。要想掌握操作性强的翡翠赌石经验，必然有一个不断学习、实践和摸索的过程，在这个过程中，很多时候是非常痛苦和折磨人的，你要无比的勇敢和坚强，去面对问题，克服种种磨难，才能到达成功的彼岸。

很多朋友会问一个同样的问题：赌石真的靠运气吗？我们认为赌石第一靠的是眼光和判断力，其次才是运气。所谓眼光是自己对翡翠的综合知识包括场口、皮壳、种水、颜色、松花，蟒带、癣、裂绺、绵、取货效果乃至价值评估、销售价格等各种因素，通过它们来综合分析、判断一块料子的好坏，最后得出其是否可赌的结论。

许多初学赌石的玉友发了很多照片给我们看，让我们对他们买的毛料进行评价。在我们看来，那些东西大多数是一些外行庄。之所以如此，就是因为他们的眼光和认识都有问题。因此，大家要有正确的认识与眼光再去买毛料，否则你的学费肯定是交贵了。

那么，翡翠赌石的"眼光"从何而来？

眼光不是一两天可以修炼出来的，一是必须进行长期的翡翠理论知识学习；二是不断的实战，以检验和修正理论学习的不足。通过不断的学习，认识，实践，总结，提高；再学习，再实践，再总结，不断丰富自己的经验，最后形成一套属于自己对赌石的判断标准，这就是"眼光"。

你要做孙悟空，要拥有火眼金睛，想洞查世界，就要刻苦努力，就要受得住寂寞，还要坚持不懈。佛法云："若见诸相无相，即见如来。"真如境界只能你去体会，别人无法替你完成你的人生修行！

要进入赌石行，首先必须有正确的认识，另外还要走一条正确的道路。什么是正确道路呢？道理很简单，你看看翡翠行家都往哪里走，都在干什么，你

跟着他们走，绝对没错，因为他们大多数人走的路就是正确的道路。翡翠赌石正确的道路是什么呢？我们可以负责任地告诉大家，它就是翡翠公盘！

翡翠公盘经过几十年的形成、发展、演变，现在已成为最能代表翡翠产业主流运作模式、具有行业标杆的翡翠毛料交易模式，具有产业"风向标"的作用，所以我们把翡翠公盘称之为"翡翠大学"。

为什么把毛料公盘比喻为翡翠大学呢？每个公盘，少则几千份，多者上万份料子，都是货主们花少则几万、几十万，多则几百乃至上千万的钱买过来的，有的切垮了，有的切涨了。一个公盘看上去，那就是几个亿、几十个亿的料子摆在那儿，别人花了那么多的学费，让我们免费参观、学习、研究，总结别人的经验和教训，难道不是上大学？

如果你想在翡翠毛料学习方面进步快，就多去看公盘！你进了这所翡翠大学，你就走上了翡翠赌石学习最正确的道路了！

大多数翡翠毛料，只会在公盘上出现一两次，就被商家买走，加工为成品，从而在世界上彻底消失了；留下的，只有这本书里的这些照片。我们的这本书，就是撷取缅甸和国内公盘上一些有代表性的毛料图片，对其种、水、色、场口、皮壳、松花、蟒带、雾、癣、裂绺、底等方面的情况进行剖析、解读。通过这些照片和我们的文字说明，你可以对翡翠毛料与赌石知识进行学习、研究，提高你对翡翠赌石的认知，指导你在未来的赌石之路上少走弯路。或者，你没有什么功利目的，只是在闲暇之时，翻开这本书，通过本书的图片，品鉴一下这些已经在世界上消失的东西，让翡翠赌石爱好者们能与这些翡翠毛料再一次神交，得到一些感悟，我们的目的也就达到了。

但最后还是要说一句，只要涉及"赌"字，永远有风险。因此，还是要告诫所有赌石爱好者：赌石有风险，出手需谨慎！

第一章　翡翠毛料公盘简介

翡翠毛料的交易有多种形式，有个人之间的私下交易，有商号、公司的公开买卖，也有中介公司搭建交易平台，在仓库进行交易的"私盘"。在公盘出现以前，翡翠毛料都是以私下交易的形式存在，由一些大大小小的商户、货主、中介机构组织货源私下看货交易。经过几十年的发展，现在翡翠毛料交易最主要、最具权威性、具有行业标杆与产业风向标的形式是翡翠毛料公盘，即翡翠毛料交易会。翡翠毛料公盘这种交易模式并非一日形成，也有一个产生、演变、发展、成熟的过程，现在分为缅甸公盘和国内公盘。

一、缅甸公盘

20世纪60年代初，为规范翡翠毛料交易，堵塞税收漏洞，创造更多的外汇收入，缅甸政府于1964年3月开始举办翡翠玉石毛料公盘（正式名称为缅甸珠宝交易会，

图1 2007年缅甸公盘

图2　2007年缅甸公盘

其主要交易物即为翡翠毛料）。缅甸公盘自1964年开始在仰光举办，自2010年开始，公盘转移至缅甸新首都内比都举办。缅甸公盘是全世界规模最大的翡翠交易会，也是全球翡翠市场的风向标。截止到2015年6月，缅甸举办了52届公盘。

自2010年后，缅甸政府对翡翠资源的管理更为严格，翡翠毛料只有通过"公盘"交易纳税后才可出境，其他一律视为走私。发现毛料私下贩卖和运输，缅甸政府相关部门会对走私者进行逮捕或巨额罚款处罚。

2010年11月，在缅甸新首都内比都举办了为期13天的大型珠宝交易会（翡翠毛料公盘），交易会吸引了约6 700名珠宝商参加，其中4 000人来自海外，大量玉石、宝石和珍珠被售出，成交率达90%以上，成交额超过10亿欧元。

此届玉石公盘以其高昂的价格和一块1.8亿元天价冰种紫罗兰翡翠原石的诞生，标志着翡翠毛料市场已经进入价格狂飙的新时代。

2011年3月，缅甸第48届（内比都第二届）玉石公盘在新落成的宝玉石公盘馆举行。本次公盘由缅甸联邦政府矿业部和缅甸宝玉石公盘委员会举办，为期13天。

图 3　2007 年缅甸公盘投标场

其中，前四天是珍珠和彩色宝石看标开标，后 9 天是翡翠和其他玉石交易（前 5 天开暗标、后 4 天开明标）。本次拍卖会创下参展玉石数量、参加人数、单份翡翠拍卖价格、总成交额四项历史记录。

本次参展玉石毛料多达 16 926 份，重 6 838 吨，是自 1964 年首开公盘以来展出份数最多的一次。本届明标玉石中，一份编号 16 754、重量 112.8 公斤，底价 338 万欧元的糯冰种正翠极品翡翠原石（一石三片），经过 27 轮激烈竞争，最终以 33 333 333 欧元（3.3 亿元人民币，业内习惯按 1 欧元 =10 元人民币估算）天价被一中国人购下，创下了公盘历史上单份翡翠拍卖的最高价；本届翡翠毛料公盘成交金额 170 亿元人民币，再创历史新高。

近几年公盘上，少数商人以高价中标多份毛料，将高档原石暂时标到自己名下，然后选择其中一两份中意的拿走，通过损失保证金将余下的中标料子放弃。有一届公盘中，中标价在 1 亿元人民币以上的玉石有 10 份，按时付款提货的只有 5 份，其余的都被弃标了，这使公盘组织者、卖家和许多买家都遭受损失。因此，为杜绝此类事件再次发生，从 2009 年 10 月起，缅甸公盘实施保证金制度，即每位去缅甸公盘投标的玉石商人要先交纳 1 万欧元的保证金方能办理入场证。中标者在缅甸交

易会结束之后一个月内付清中标玉石价格的 10% 作为保证金，逾期不交视为放弃，没收 1 万欧元保证金，不再拥有该份玉石的购买权；余下的 90% 货款必须在公盘结束 3 个月内付清全部玉石货款，如有违约则没收保证金，取消购买资格，并将其列入黑名单，十年不得参加公盘。

2012 年 3 月的缅甸翡翠公盘，组织者将保证金上调至每人 5 万欧元，折合人民币 40 多万元。但受各种因素综合影响，与之前动辄一两万人到会的"盛况"相比，2012 年的缅甸公盘到场人数陡降到 5 000 人，翡翠毛料成交价格也由前几年年均 20%～30% 的涨幅变为加价幅度不到 10%，这届公盘没有过亿元的石头出现。

本次公盘人数猛降，除了经济大环境不好的因素外，另一个很重要的原因是此前很多毛料进入中国，走的都是非正常渠道。2011 年三四月份开始，中国海关加大了对非法进口翡翠原石的查扣力度，查扣了价值几十亿元的翡翠毛料。翡翠进口的非正常渠道一被堵住，很多人不敢去进货，因此到公盘投标的人数大幅减少。

2013 年 6 月 15 日，在停办了一年多后，缅甸翡翠公盘又重新举行。在公盘尚未举行的前一两个月，就有传闻说，这将是最后一次翡翠原石交易公盘，今后缅甸政府将不允许翡翠毛料出口，只允许成品出口！在此负面消息的影响下和缅甸政府的"饥饿营销"促销下，此次公盘毛料价格一路高涨，一些毛料的中标价让一些行内的"老翡翠"、老行家都瞠目结舌，翡翠行业出现了"面粉贵过面包"的行业奇观。

此次缅甸公盘投放原石 10 300 份，相比 2012 年的 16 745 份翡翠原石减少了 38%，但参与客商达到 7 000 多人，比 2012 年 3 月公盘的 5 000 多人增加了近 50%，原石的起拍价也从一年前的最低 2 000 欧元起拍变为 4 000 欧元起拍。

2014 年第 51 届缅甸珠宝交易会（公盘）于 6 月 24 日至 7 月 7 日在缅甸首都内比都举行。

此届公盘摆盘毛料大幅减少，共展示原石 7 454 份，其中暗标 7 160 份；明标 294 份，与上一届公盘相比，本次公盘毛料无论数量还是质量均呈现大幅下降，价格却大幅上涨，与国内的成品市场形成巨大反差。许多业内人士觉得翡翠毛料价格比往年暴涨太多，价格虚高，无法接受。

本次公盘第五天，一块重量 210 公斤的豆青种翡翠毛料，底价 90 000 欧元，结果中标价为 9 299 999 欧元，这份料子加上关税价格折合 1.1 亿元人民币，成为当天的"标王"。

本次缅甸公盘的标王，是一块重达 233 公斤的翡翠毛料，起拍价 6 000 万欧元，

图 4   2015 年 6 月缅甸公盘投标区场景

折合人民币 5.28 亿元，但最后流标了。

2015 年 6 月 24 日，第 52 届缅甸珠宝交易会在内比都开幕。

本届公盘与往届公盘最大的区别在于投标保证金的变化，由 5 万欧元固定投标保证金改为原石价格在 100 万欧元以下（投标价）的原石缴纳投标保证金 5 万欧元；超过 100 万欧元以上的原石须在标的物开标前支付投标价格的 5% 作为保证金。保证金制度的修改，让恶意投标情况大为减少，堵塞了翡翠公盘交易模式上的漏洞，让市场更加规范。

特别需要注意的是，缅甸公盘毛料的底价、投标价、结算均以欧元为货币单位！正因为忽略了这一重要事项或不懂缅甸公盘的价格体系，缅甸公盘屡屡出现中国商人误将公盘毛料标价视为人民币进行成本核算与投标，结果以高出 10 倍价格中标导致经济损失的事件！这些血淋淋的事实一次次地证明着同一个真理：知识就是金钱！

缅甸公盘的投标方式分为暗标和明标。

暗标是缅甸公盘最主要的交易方式，每次公盘的翡翠玉石毛料，暗标占 4/5 以上。投标者在投标单上填写投标人编号、姓名、毛料编号及投标价并投入标有编号的标箱，因投标人彼此之间不知道各自出价，故称之为"暗标"。暗标交易遵循"价高者得"的交易规则，即每份料子的最终获得者为出价最高的投标人。

明标即现场竞价拍卖，每次公盘的翡翠玉石毛料，明标物不足 1/5。竞买商集中在交易大厅，公盘工作人员每公布一份毛料编号，由竞标人现场出价投标，最终中标者为出价最高的投标人。

图 5　2015 年缅甸公盘摆放的毛料

2015.(52) Emporium	
Lot No. :	8663
Pieces :	1
Weight (Kg) :	2.40
Reserve Price (Euro) :	360,000

图 6　2015 缅甸公盘标价单，注意其最后一栏底价下括号内已注明价格为 Euro（欧元）。

每次公盘的翡翠玉石毛料，明标多为高档商品，竞标激烈，通常要高出底价数倍甚至十倍方能到手，2010 年的紫罗兰原石标王即为明标。

要参加缅甸公盘，必须持有主办方发放的邀请函才能办理手续进入公盘参加投标、交易。若无邀请函，竞买商必须由缅甸珠宝公司担保并向组委会缴纳 1 千万元缅币／人的保证金方能申请办理入场手续（公盘结束后，保证金会全额退还给竞买商）。邀请函由缅甸各级政府、珠宝协会和珠宝贸易公司发出。后两种邀请方式必须由邀请方以担保的方式上报组委会审核同意。

二、国内公盘

随着国内翡翠市场的扩大，国内一些地方也先后开办了翡翠毛料公盘。国内公盘的毛料主要是经过正常渠道进入国内的缅甸公盘成交毛料，少部分为云南瑞丽、盈江、腾冲等中缅边境购买到翡翠毛料的商户又将其放入公盘进行销售，因此国内公盘又被称之为二次公盘。国内举办翡翠毛料公盘的地方有云南的瑞丽、盈江等地和广东的平洲、四会、揭阳。其中规模最大、影响力最广的是平洲公盘，它已成为国内翡翠行业的风向标与晴雨表。

平洲公盘由平洲珠宝玉器协会主办，中缅各大毛料中介公司为承办方，大公司一年举办一至两次公盘。小公司一年举办一次公盘，因此平洲每年毛料公盘不少于十次，有的一个月内有两个以上公盘举行。

　　平洲公盘凭平洲玉器协会会员证入场参观及投标，无会员证者须缴纳保证金才能进场投标。会员证须由两个三年以上会龄的老会员担保并办理相关手续、缴纳会费后获得。初次办理会员证缴纳1 200元会费（含400元公益捐款），次年开始会费为每年400元。若无会员担保，则须缴纳10万元保证金方能成为会员。

　　平洲公盘主要以暗标交易为主，交易模式、流程与缅甸公盘大同小异。每场交易会时间一般为5天左右，其中前2~3天为看货时间，第3~4天开标，一直到所有毛料都开出标来，整个交易会方才结束。自开标之日起，毛料的中标价会在会场以电子屏现场公布，公盘组织者也会将中标结果公示于会场外，供投标者查阅。

　　平洲公盘由玉器协会工作人员及临时聘请的工作人员主持，由看货和开标两个部分组成，摆盘毛料由承办单位（中介公司）负责收集、摆盘。交付毛料摆盘的货主向中介公司支付每份料子500元的摆盘费。中介公司在料子成交并付款后向货主方收取交易中介费。

　　平洲玉器协会制定了较为完善的《玉石投标交易会条款》，对毛料交易的流程、买卖人资格、提货时间、违约责任与违约金、纠纷处理时限及处理办法等进行了详

图7　平洲公盘场内翡翠毛料成堆

图 8　平洲公盘场内人头攒动

细的约定。

　　需要注意的是，平洲公盘有一个很普遍的"拦标"行为，即货主可以在自己毛料的底价基础之上，为自己的玉石出一个心理价位，为自己的玉石投一份标，保证自己的毛料在此价格之下不会被别人中标，称之为"拦标"。最近几年，拦标行为越来越多。因此每家公盘公司都会用不同颜色区分拦标毛料与非拦标毛料，并在场内醒目的地方做出提示。

第二章　翡翠毛料的种、水

一、什么是翡翠的种、水

翡翠的种、水是衡量翡翠品质的重要指标之一，许多人把种、水放在一起来谈，但它们两者是有联系又是有区别的两个概念。

翡翠"种"的用法现在比较混乱，翡翠的"种"有两种概念与意义。

严格来说，翡翠的"种"或"种头"是指构成翡翠晶体颗粒粗细、大小与晶体间结合的致密程度，翡翠的种决定了翡翠玉肉的粗细。但我们觉得，这样的定义并不全面，翡翠的种还应该包括构成翡翠晶体的硬度。比如我们谈到一件翡翠毛料，说其"种老"，起莹光，就说明其硬度很高，抛光后对光线的反射、折射效果好；反之，如果我们说一件翡翠种嫩，说的是其晶体结构疏松、硬度低，抛光不亮。

另外的一个关于翡翠"种"的含义，是指结合种、水、色等综合因素来对翡翠划分的一系列标准，也就是翡翠毛料的品种。比如说我们谈到"老坑种""新坑种""花青种""金丝种"翡翠，就是第二个"种"的概念，并不指翡翠晶体颗粒粗细、大小和晶体间结合的致密程度等第一个翡翠"种"的概念。

翡翠的"水"：简单来说，翡翠的水就是翡翠的透明度。

翡翠的种、水关系密切，一般情况下，水头长的翡翠，一定种老；种好的翡翠，其水头也会长，种不好的翡翠，其水头就短。因此常把两者结合在一起合称为翡翠的"种水"。但要注意的是，种老的翡翠不一定水长，有的砖头料，种也很老，但却一点水头都没有。

翡翠的结构决定了翡翠的质地、透明度和光泽。一般而言，翡翠的组成成分越单一，矿物颗粒越细小，结构越紧密，则透明度越好，且光泽越强；要是组成成分越复杂，矿物结晶颗粒越粗大，结构越松散，透明度、光泽等也均会变差。另外若翡翠中含有过量的 Cr、Fe 等微量元素时，透明度就会变差，甚至不透明，最典型的例子就是"墨翠"与"干青"。

现在对翡翠水头划分最流行的说法是：依据在强光电筒透射翡翠原料的长度来

将翡翠的水头分为十级，强光能透射翡翠3毫米为一分水，6毫米为两分水，以此类推，最高十分水。

翡翠的种水是决定翡翠品质的基础因素，对翡翠品质和价值评价的影响很大，行家们都十分地重视翡翠的种水，在评价种、水的基础和前提下才讨论翡翠的色，因此业内有"内行看种，外行看色"的说法！

二、翡翠种、水的分类

翡翠的种水划分十分复杂，国内至今为止也没有一个统一、权威的说法，也没有严格的划分标准。

我们认为，翡翠的种、水按照翡翠晶体颗粒的大小、品质从好到差简单分为玻璃种、冰种、糯种、豆种等等，这是最简单的划分办法。在实际情况下，翡翠种水变化十分复杂，介于两个大种之间的，就会用两种名称合称来表示，例如介于冰种、糯种之间的称之为冰糯、糯冰等等，这不是一两句话能说得清楚的，需要长时间的学习体会，最终会形成自己对种水的判断力。

另外翡翠行内也有根据翡翠内部晶体大小与晶体之间的致密度将翡翠的种头分成老种翡翠、新老种翡翠和新种翡翠。

我们这里不对翡翠的种水进行详细的探讨，以后我们将会在其他专著中详细讨论关于翡翠种水的问题。下面，我们就以实物图片来学习如何辨识翡翠毛料的种水。

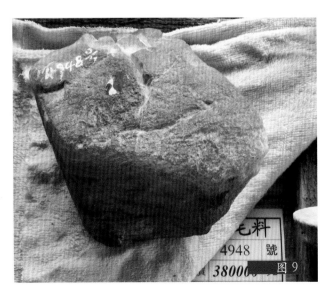
毛料
4948 号
380000 图9

三、玻璃种

翡翠结晶细粒者在肉眼下已经难辨颗粒大小，放大镜下可见；微粒者在肉眼下已经看不到颗粒边缘，透光性较好；而小于0.1毫米的隐晶，其晶体极小，其颗粒就是在放大镜下也难见到颗粒边缘，质地细腻，具柔和感，透光性好，多数为"玻璃种"。

玻璃种翡翠最大的特点

是透明度最高，几乎到了全透明，所含的包裹体、杂质较少，晶莹剔透；行业上称玻璃种为"种最老"，"水头最足"，故玻璃种翡翠就显得珍贵了。

图 10

无色玻璃种翡翠越白越值钱，翡翠种越老、水头越长越珍贵。现在好的白玻璃种翡翠戒面级料产量也是很稀少的。

图9、图10就是顶级摩西沙老坑玻璃种料子。注意其皮壳表现与打灯后的透水效果。玻璃种的东西做出成品来，灵光四射，通天地之大气场，化腐朽的石头为神奇的宝玉，这正是玉文化的精神。

图11、图12的这份料子就是严格意义上的摩西沙玻璃种，这份石头不论做戒面，花牌，或者其他成品，其品质都是一流了。

图13、图14是老场摩西沙的玻璃种料子，但是属于偏弱的玻璃种，行话就是偏柔。

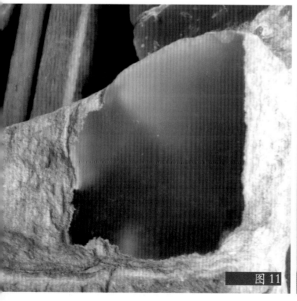

图 11

图 12

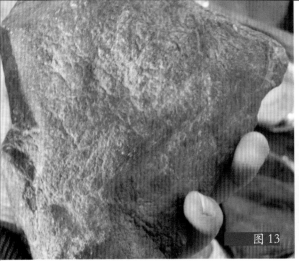

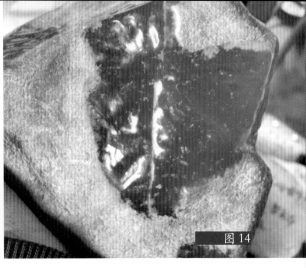

图 13

图 14

就这份料子而言，有几点要评价一下：第一，擦口货，所有擦开的部位是最好部位，这些开窗、擦口的人都是翡翠界的顶级高手。就技术来说，他本身就是行业里的"玻璃种"了。第二，开窗是亚光，这是很考相玉水平的一个程序。你不会看亚光等于你不懂翡翠。第三，注意皮壳上面的苦丁沙，这种沙一般代表玉肉里棉多。因此，我举例上面三分料子给大家评说，是希望大家多多用心学习，少走弯路，多行正道，少交学费。

四、冰种

简单说来，冰种是指结晶颗粒比玻璃种稍粗、透明度与品质比玻璃种稍差一些的翡翠品种，但也属于高品质翡翠。品质接近玻璃种的称之为高冰，其下的为正冰种，透明度更差一些的称之为糯冰，其中带色的又称之为蓝水、晴水、冰蓝花等等。相对玻璃种来说，冰种翡翠的底要柔一点，杂质比较多一点，或棉，或雾等等，价值也比玻璃种要低。

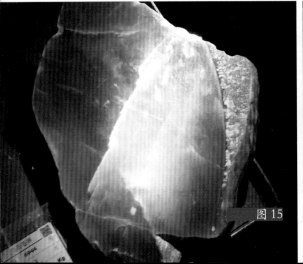

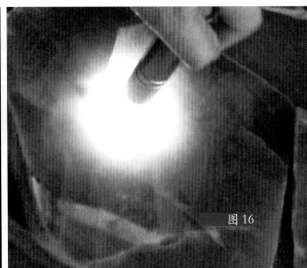

图 15

图 16

图 15、图 16 这份摩西沙高冰料子，种老，个头大，可以切手环。摩西沙大料能有这么大，种还这么好的不多见，因此也是极品东西了。这类东西基本只有在公盘才可以见到，民间很少有。这种料子第一眼看上去你会觉得发黑，其实不是黑，而是种老光线折射的结果，取货出来就变白。这就是摩西沙料子的特点之一，但是怎么判断，还需要自己不断去感悟，不能一概而论。很多发黑的摩西沙料子，切出来还是发黑。

图 17

图 17 是摩西沙老坑蓝水毛料，种老，起刚味。这类东西仿佛金刚一样坚硬。顶级翡翠有个比较好的优点就是不存在保质期，方便携带，永不过期。

图 18 是摩西沙高冰飘色花毛料，注意其皮壳与切开的肉色的区别与联系，这类东西一直是市场的抢手货。

图 18

图 19

图 19 也是摩西沙冰种明料，种老，很不错的东西，就是棉多了点。现在公盘中达到冰种以上的摩西沙料子也不多了。

五、糯种

糯种是指结晶颗粒比冰种更粗、透明度也更差一些，为半透明状的翡翠，其中品质接近冰种的称之为糯冰，次之为糯化，品质大多为中低档，但带色者价值也不低。

图 20、图 21 这块回卡大料是糯冰，但水线地方到了高冰，并且带色。仔细观察可见水线处都是裂，这就是地质的交代作用效果。这份东西不错，因为裂少，可以切手环了。回卡的东西普遍裂多，像这样完美、大型的料子也不多见。

这份料子最吸引人和最值得学习的地方是这块石头中间的"水线"。" 水线"

图 20

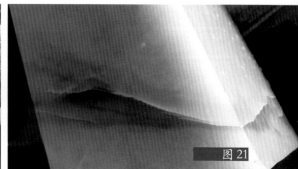

图 21

是翡翠业内人士最喜欢的东西，因为它是翡翠的经络，也是一块料子取货最好的地方，有水线的料子能极大地提高整块料子的价值。

图22、图23这份小料也是摩西沙场口的老东西，头层水翻沙，糯冰飘色花，

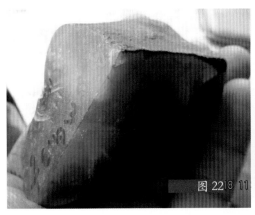

这类小东西我也喜欢，在云南边境经常可以碰到。摩西沙头层有个特点，就是有点油性，取货出来胶质感强。

图24这份达木坎料子就是正宗的糯化种，种老，很漂亮，取货高。因为裂少，

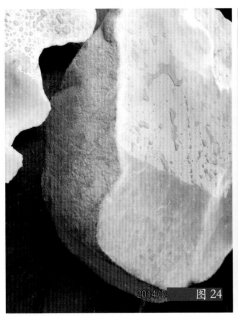

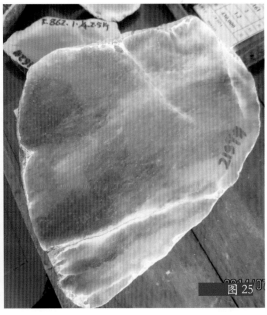

可以取手环。

图25这是达木坎的半山半水料子,糯化种,部分水好的地方达到糯冰,接近蓝水。这份料子最大的问题是棉较多,取货抛光后棉更明显,因此影响其价值。

图 26

图 27

图 28

六、豆种

翡翠大多是由纤维状微晶硬玉致密地交织在一起而形成的纤维状交织结构,这种结构使得翡翠具有硬度高、韧性强的特点。翡翠另外较为常见的结构为柱状、斑状变晶结构。在肉眼观察下,可以将翡翠的颗粒度划分为粗粒、中粒、细粒、微粒和隐晶五个等级:粒度大于2毫米者为粗粒;1.0~2.0毫米者为中粒;0.5~1.0毫米者为细粒,0.1~0.5毫米者为微粒;小于0.1毫米者则为隐晶,也就是冰种、玻璃种翡翠。粗粒在肉眼下易见且十分明显,具有粗糙感和很干的感觉,不透明,如粗豆种;中粒在肉眼下可见,是为豆种。

图26、图27为豆阳手环料,这类料子切手环,是平洲玉器街最好走的品种之一,所以只要价格合理,很好卖。豆种是翡翠中占有量最大的一个品种,也是品种系列最最复杂的翡翠。因此其学问也是翡翠系统中最深奥的。

图28是木拿场口标准大阳豆

料子，手环料，顶级。很多玉友去平洲翠宝园见过的圆条满色手环，就是这类型石头切出来的啦。

图 29

图 29、图 30 是后江场口的阳豆色花牌料，取货不错。后江是有名的老场，料子皮壳一般沙都比较粗，分为青蛙皮、枣皮和白灰皮等等。后江出豆种阳绿或者冰阳的东西较多，也有细豆阳，化开之后会变冰，是后江料子的特质。需要注意的是，多数后江石绿色都偏蓝。

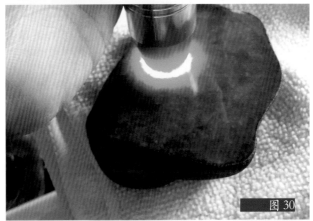

图 30

图 31、图 32 这份是高色回卡蜡壳，色非常辣，但是细看，肉质里面还是夹着黑，影响其价值。好翡翠的要求很高，尤其是色料，对很多指标都有严格限制。这类回卡看上去是细豆，抛光出来就变糯冰，是非常优秀的顶级料子。

图 31

七、龙石种翡翠

龙石种翡翠结构致密，肉眼不见棉、杂质，如丝绸般光滑细腻，水足饱满充盈，极其温润，光泽度极好，莹光四射，色泽冰寒玉冷，是非常罕见的翡翠种类。

龙石种翡翠具有以下特征：

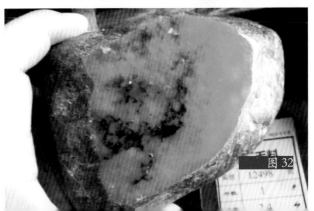

图 32

图33 龙种翡翠毛料

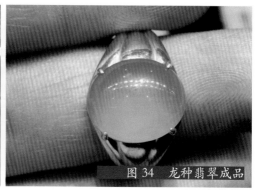

图34 龙种翡翠成品

1. 质地达到玻璃种，且具宝石光泽（起莹光），纯净，肉眼观察无棉、无杂质，带底色。

2. 具有清冷冰寒的感观。

3. 淡色为多见（浓色就不叫龙种），整体淡色非常均匀，融化在玉肉中。"色融于底，色调均匀，不见色根"是目前大家较公认的一种说法。

第三章 翡翠毛料的场口

翡翠赌石行有一句名言，即"不识场口，不玩赌石"，强调了翡翠场口的重要性。为什么这么说呢？因为不同场口的石头，有着不同的皮壳、表现与内部特性。因此在选购翡翠原石时，要根据不同毛料的皮壳表现和特征，来确定其场区、场口，并依据其皮壳、表现的特殊性，来判断这块翡翠的内在品质。

不同场口的玉石有共性，也有特殊性，特别是一些著名场口的毛料，其特性十分鲜明，有的特性只属于某一个场口，只有断定它属于哪个场口，才能根据这个场口的翡翠玉石的特殊性来观察、判断这块翡翠原石是否可赌。

今天就结合历年翡翠毛料公盘的精品原石，来学习一下翡翠主要场区、场口原石的特性和表现。

一、帕敢

帕敢场口（帕敢基、老帕敢）位于帕敢寨雾露河（也称乌龙河）西岸，是缅甸最著名的翡翠场口，也是开采时间最早的历史名坑。翡翠行内人士都认可帕敢出产的翡翠原石种、水、色都是一流的，找到高质量翡翠毛料的概率很高。

帕敢场口的原石大小不一，个头较大，从几公斤到几百公斤。没有胶结，皮很薄，且光滑，没有风化外壳的原石，玉石行内称为"水石"。

帕敢原石皮壳以灰白及黄白色为主，皮壳有黄盐沙（有黄雾）、白盐沙（白雾）、黑灰皮（黑乌沙）、水翻沙等各种皮壳。皮上无蜡壳，常见松花、沙硬。结晶颗粒细、沙匀，则种好，透明度高、色好。

帕敢的黑乌沙最为著名，皮壳包裹紧密，皮黑似漆或乌黑似煤炭。皮上有癣，皮下有雾。如果白色蟒带突出，蟒带上有松花，则是内含高色的表现，那么赌赢的概率就比较高。

需要说明的是，老帕敢黑乌沙已全部采完，目前市场所见乌沙均产自麻蒙，麻蒙的黑乌沙黑中带灰，水底一般较差，且常夹黑丝或白雾，绿色偏蓝。

图 35

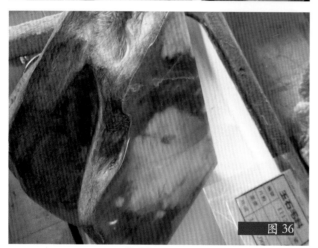

图 36

图 37

图 35、图 36、图 37 这份料子就是出自老帕敢基场口的高色蟒带料子，种老，龙到头出水，有色地方为冰，底为糯种，是很难得看见的好东西。其颜色看上去偏黑，水头也不够，但切薄后其水头会增加，其色也会变得艳丽。

图 38 这块翡翠是帕敢老场区大谷地场口的老象皮，高色料。料子在擦皮后呈现高色面，用电筒打上去冰种阳绿，戒面料。瑞丽、盈江、腾冲的很多翡翠卖家超级喜欢这种料子，擦点皮，见到色，就喊一个天价。这块料子擦出这种色来，一定是大涨了。此料子皮壳上松花、蟒带都有，很具有卖相，在云南边境可以喊价几百万，甚至有可能以此价成交。从擦开的表现来看，很漂亮，任何的表现都是一流的，切开应该是必涨无疑。如果是我在边境或者缅甸看到这种料子，也绝对不会放过，因为此类一颗拇指大小的戒面，只要形状好，磨工饱满，今天市场价格就是几十万。像上图这种表现的话，能够取出几十颗戒面了，因为这块料子很大，有 10 公斤啊！可是人类往往都会犯贪婪的毛病，变得疯狂

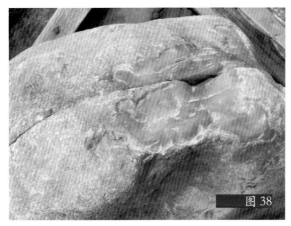

图 38

图 39

而失去理智，风险也就悄然而至。

　　大家看看这份料子最后切开是什么样子吧（图 39）：

　　是不是非常意外？除了意外，大家是不是应该有所感悟？是不是应该有所收获？

　　图 40、图 41 是难得一见的老帕敢蟒带高色料子。大家可以仔细研究一下它的

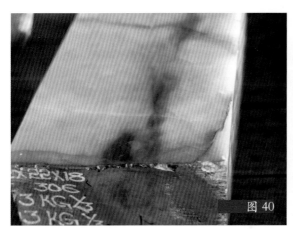

图 40

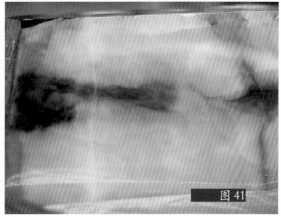

图 41

蟒带和皮壳特点，应该会有不少心得。

二、摩湾基

　　摩湾基场口原石常有蜡壳，砾石为半滚圆状至次棱角状。该场口多出黑乌沙原

图 42

图 43

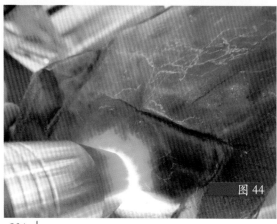
图 44

石，也有黄沙皮。摩湾基的黑乌沙料皮壳乌黑，仿佛黑油漆，皮下有雾（我们平常所看到的很多所谓摩湾基黑乌沙其实是黑皮石，底粗底灰种嫩裂多，没有雾，属新场石，一切就死）。若沙皮上有蟒带，则一般种好，蟒带上有颗粒粗大的松花者，则很可能有高绿，个体小的会有满绿。

现在我们去到市场上，会看到很多人开口便说自己手上的石头是帕敢的，是摩湾基的，基本上可以肯定这样的话是胡说八道，因为这两个场口的料子早已采完，现在很少见到了，只有在公盘上能偶尔一见。因此你要知道这个基本常识，免得被人忽悠，受骗上当！

图 42 是摩湾基场口色料，底上点点白棉，有特色，做出踏雪寻梅题材的成品，很有味道。裂少，可取手环。

图 43、图 44 是帕敢摩湾基的黑皮料子，去皮后色不错，就是底偏灰，不干净。摩湾基的东西除赌色外，主要就是赌底灰不灰，底灰其价值就大打折扣了。

三、达木坎

达木坎（大木坎、打马坎）场口位于香洞场区西南，地处雾露河

图 45 达木坎公斤料

下游。该场区没有黑沙皮石，这是达木坎与其他矿区的最大区别之一。

达木坎翡翠原石多为褐灰色、黄红色、灰白色，皮下多有白雾、黄雾、褐红雾。此处含翡翠的砾石滚圆普遍较好，全部为次生矿（即水石、半山半水石）。含翡翠的砾石比例少，个体也很小，5公斤以上的少见。我们现在在国内市场见到的"公斤料"，大部分出自此场口（图45）。

图 46

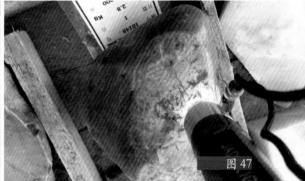

图 47

达木坎所产原石皮下的黄雾、褐红雾是其典型的场口特征。如果皮薄、肉细、雾黄、打灯透，则可赌性强，切开后底白、肉细、种水相对好；若皮厚、结晶颗粒粗、雾显灰褐色（牛血雾），则切开后肉粗、底灰、水短，成品质量不高。

图46、图47是传说中的达木坎水石全蒙头，这类料子放在这里是浪费，代表翡翠行内主流的广东人基本不会投标。这类石头在云南比较好走，我不知道这位货主怎么会把这种东西放到公盘上，真是牛头不对马嘴。但是这块石头看得到玉肉的

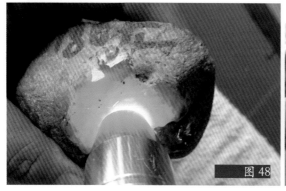

图 48

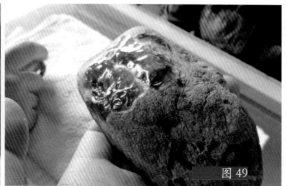

图 49

地方，质量真的很顶级，底价我都看得到，高冰带色，但是其赌性也是很大，下面变种的可能性很高，搞不好就是膏药一块。所以翡翠最大的美就是在于它的"混沌性"，佛魔一体，你永远无法用固定模式去诠释它。

图 48、图 49 不多见的达木坎色料，开窗部分种水不错，尤其打灯后颜色十分艳丽，对新手很有诱惑力。但未开窗部分变种的概率很大。因此其赌性很大，风险很高！

达木坎今天很受赌石爱好者欢迎，是因为其出产的"黄夹绿"料子。很多初学者用手电筒打灯去看，种水色都超级漂亮。但是很多时候都是被"障眼法"所迷惑，认为这是冰种，这是玻璃种。"黄夹绿"的所谓黄色，其实很多时候是翡翠皮壳下面的雾而已，并不是真正意思上的黄翡；达木坎的绿色，多数取出货来绿色偏蓝。所以这点大家要特别注意。

图 50 是达木坎黄夹绿水石，种老，味道够，手环料子。边角取货时再加上揭

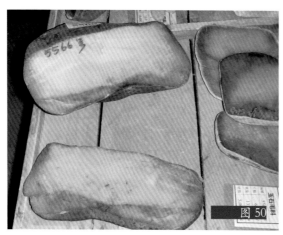

图 50

阳工艺，那就锦上添花了！

达木坎还有一种蜡壳翡翠，里面没有雾，切开一般皮肉不分。但是此场口有许多小的水石（其实是雾露河上游场口搬运下来的次生矿），经过大地的滋润，皮壳光滑，出产顶级的玻璃种。所以玻璃种是达木坎的质量第一，而非我们许多人所认为的摩西沙。

图 51 是一块达木坎水石，8.5

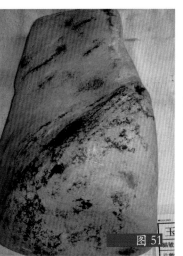

图 51

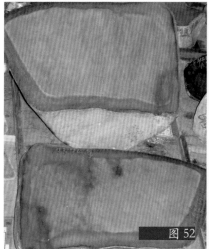

图 52

图 53

公斤，种老，很漂亮的玻璃种，做出东西来很有灵性，好像化开成水，看上去会飘动起来。这种石头已经在地球上消失很久了，只在公盘上偶得睹其真容！

图 52 是一块超过 40 公斤的超大达木坎黄夹绿水石，加上黄雾有三色，是为三彩福禄寿，种老，料子大，无裂，可以取手环。这种好东西也只有在公盘才可以看到了。

图 53 是达木坎高冰水石，这种料子种老，取货超高，也是公盘上最热门的东西。

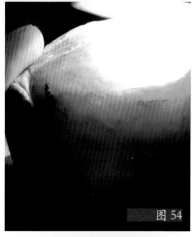

图 54

图 54 是达木坎的高色小料，种老，取货高，顶级花牌料。仔细观察，其底还是有白棉，所以不能做戒面。翡翠毛料的细微之差别，取出货来效果相差甚远，其品质也就大相径庭，这就是"失之毫厘、谬以千里"之真谛。

图 55 是一份非常令人喜欢的达木坎红雾极品，玛瑙种，料子红雾非常鲜艳，充满阳刚之气，中国红的顶级元素象征了一派红红火火。

图 55

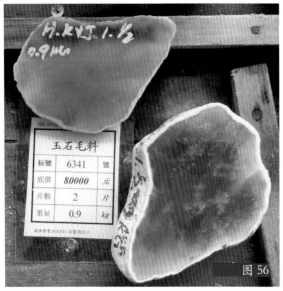

图 56

四、摩西沙

摩西沙这个场口种好的料子很多，是赌石爱好者最喜欢赌的场口之一。但这个场口也分为老坑和新坑。老坑摩西沙已经只存在于博物馆和书籍里面，早就和恐龙一起消失在我们美丽的地球上了。但是从历届翡翠公盘上偶尔也可以看见它们的身影，为什么呢？答案很简单，因为有收藏者把他们的存货又拿出来放在公盘。

图 56 是典型的摩西沙料子，白沙皮，扎手脱沙，证明其种老，水透。这类料子种是没有问题，关键是赌什么呢？棉和裂。这是摩西沙场口赌石最重要的指标。如果种好，但是棉多，裂多，其价值就大打折扣，反之亦然。这块料子种非常好，裂虽然少，但是棉多，棉影响了其取货的效果，因而价值大折扣。这块料子 0.9 公斤，在我看来没有手环，所以只能做花牌了。不过它已经是花牌料里面的好东西了。一块花牌也要过 10 万，因此这份料子也不便宜。

图 57、图 58 这块摩西沙玻璃种非常完美，可以说是公盘里面的佼佼者，种老，

图 57

图 58

取货高，可取手环，是各路行家必争之宝。大家看沙皮底下的晶体发黑，这是玻璃种的标志。要看一块料子是不是玻璃种，看看它的皮壳是不是有乌黑的晶体。要明白这个道理很简单，你去观察玻璃的侧面，它必然是深蓝色或发黑的，而其正面就是无色透明的，这主要是光线折射、反射的形成的。当然，具体的石头，情况也是大不相同的，这个要注意。有一种石头，看上去发黑，像蓝水，但取出货来变白，

图 59

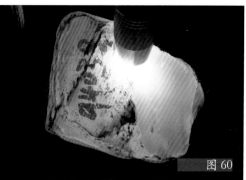
图 60

变净，就像上图这块；有一些呢，取货后却会变成油青，变成灰底。所以要判断石头的品质，在于个人的阅历和资历，对石头的了解度，对毛料取货后的效果的把握，不能笼统而论之。翡翠学问很深，其中一个就是你能否会看料子的取货效果。

图 59、图 60 这份摩西沙小料是极品中的代表之一，它主要是做戒面的料子。其有三个特点：第一，底够白；第二，水够足；第三，净度够。这样的戒面做出来，

图 61 玻璃种戒面

图 62

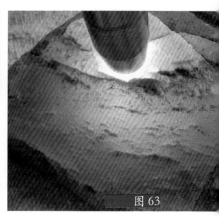
图 63

图 64

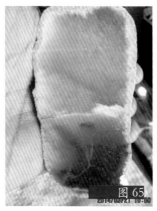

图 65

图 66

莹光足，很是美丽。下面我把取出的戒面发给大家共勉（见图61）：

图62、图63这份是标准摩西沙玻璃种极品料子，种老，起水晶质感，超美。关键就是赌棉，赌底是不是白。

图64、图65、图66是摩西沙最具有代表性的毛料，绿水花。摩西沙其实是有雾的，只是你没看到，所以判断摩西沙料子没有雾是一种不负责的学习态度，这块料子就是生动的例子。因此，学习翡翠必须自己建立自己的认知系统，这叫入翡翠的法界。这类东西取货出来非常有灵气，这个灵气不是物质定义，是升华为精神层面的定义，涉及本体的东西。因此，大凡千古流芳的艺术品，它所传递的便是独特的精气神或基本契合了这个东西。

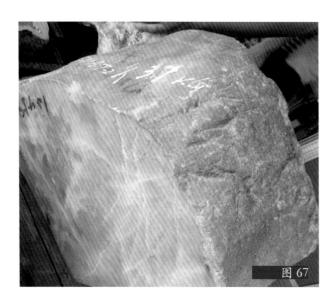

图 67

五、木拿

木拿（木那）属于帕敢场区，分上，中，下三个场口，以盛产种色均匀的满色料子出名，品质最好是上木拿出产的东西，我们见到的许多戒面料都出自上木拿。木拿料子最典型的标志之一是有的料子带有明显的点状、片状棉。但要注意的是其他场口的料子也会有雪花棉，雪花棉不是木拿料子的独有特征。

木拿分为上中下三处，中下木拿经常出好的色料，上木拿出大料多一点。木拿皮壳一般在灰白皮上呈现红色，因为含铁、铬离子多一点，大多种嫩（图67）。这种料子一般做手环，普通东西，所以行内称为旅游庄。

图68是木拿大水石，133公斤，手环料子。种到冰种，很完美。这种石头已经起寒味，据说是在坑道的夹层里面发现，吸收了天地间的精华，所以给人一种冷冰冰的味道。

图69是木拿带子色，水线处种水和色都好，充分体现了"龙到头出水"的说法，顶级东西，很少见，切几十万块石头才会出一块这种带子色，也只有在公盘才可以看见这样的东西。虽然有裂，但因为料子大，可赌手镯，水线处也可取戒面和满色花牌。

图70是木拿场口大料，春带彩，可惜裂太多，无法取手环，只能取小件花牌，

图68

图69

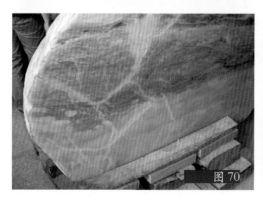

图70

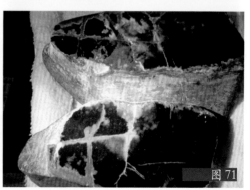

图71

其价值就大打折扣。

图 71 这份是木拿高色老坑种，色度深，取货很高，种为玻璃种。这份料子我曾经在瑞丽见到，当时看见货主要价 10 万，我犹豫了一下，第二天再去已经货走人空，这次遇见老友出现，格外关注。我个人觉得这种料子取货很漂亮，做出成品来还要翻两个倍。所以这就是一失足千古恨啊。

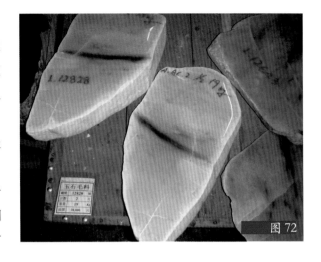

图 72 这块顶级木拿，带子色，可取手环和戒面，带子色做戒面才有大价钱。所以很多玉友问我什么料子可取戒面？我告诉你带子色才是取戒面的最佳选择。这份料子也是老话："龙到头出水"，色带就是龙身，没有带子的地方种嫩，但是龙一到，料子就是玻璃种高色，神奇吧？这个就是风水里面的讲的龙脉了，其实人人

图 73

图 74

图 75

内心都有龙脉，你找到属于自己的龙脉了吗？

图73、图74、图75是一块木拿的高色料子，但是货主切输了，因为它是典型的表皮膏药色，靠皮高色部分取出几个戒面来，但是内部变种了，没有什么价值，成为痛苦与血淋淋的教训。这种木拿料子叫"皮熟肉不熟"，很具杀伤力。我的一个朋友在昆明

图76

曾经买过一份类似的料子，2000多万，切开后肉变为粗豆，他差点就跳楼了，所以不要高价赌石，不要怀着侥幸心理。好好学习，天天向上，才是硬道理！

图77

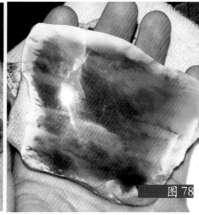
图78

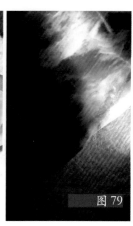
图79

2014 图80

图76是木拿料子所取戒面，种老，色淡，像春天初到植物的颜色，充满朝气与希望，镶嵌起来很是漂亮！

图77、图78、图79是一份解涨的木拿高色料子，不论做什么都漂亮。这份料子种够老，因此其水也好，色也够阳，完全去皮或做成品抛光后，其种水与色会更出彩！

图80是一份典型的木拿红蜡皮壳料

子，切开后有色的地方水也好，无色的地方种变差，总体上来说种相对嫩了点，这从皮壳上就已见端倪，反复研究一下皮壳与玉肉的关系，你必定有所收获。

最后来说一下木拿的雪花棉。在翡翠中，棉本属于瑕疵，但凡事都有双重性，木拿的片状、点状白棉，形如雪花飘飘，彰显出"一年一岁着银妆，玉树琼枝总傲霜；不与百花争春色，雪中寒梅分外香"的意境。雕刻大师杨树明化腐朽为神奇，利用毛料中的白棉雕刻出《风雪夜归人》的牌子，将

图 81

图 82

一百元的料子变成百万是大家都知道并乐于常谈的。后来许多人开始喜欢这类料子，常用于雕刻的题材就是《踏雪寻梅》！

图 81、图 82 是一份起胶感的木拿雪花棉料子，种老，取货高，耐看，有味道。

六、回卡

回卡（会卡）位于香洞场区东南，有些场口开采的是含翡翠的高地砾石层，由上到下可分为三层：上层为黄色沙砾层，多为大象皮、灰白色、翻沙、种老、常常出高色料子。中层为铁锈色层，多为红辣椒油壳，有好有坏，有高色的，也有狗屎底，参差不齐。下层为黑灰色层，多为黑蜡壳乌沙。总体看，回卡场区黑色层较为发育，

属高地砾石层，厚度大，翡翠砾石大小悬殊，出产好种好色矿石的概率高。

回卡原石有四个明显特征：

1. 皮壳薄。打灯即可见水见色，可谓点绿难觅，有绿成片，对新手诱惑力很大。但要注意的是，这种蜡壳料子多为新场回卡，在云南边境市场很多，经常会切出共生体（即水沫子与翡翠共生）。

2. 裂多。多数普通料子，尤其是新场石细裂相当的多，有的多得让你看见会掉

图83

图84

眼泪，所以赌裂是回卡场口料子很重要的指标！

3. 皮色杂。以灰绿及灰黑色者居多，种、水、色品质差别很大，但有绿的地方水常常比较好。

4. 个体差异大。回卡毛料个体悬殊很大，小的只有几公斤，大的可以达几吨。

回卡场口毛料有个很明显的特征，就是红蜡壳。所谓红蜡壳是在灰绿色、灰黑皮壳上附着一层红色蜡壳。

总之，回卡老场口的石头，历史上出过许多好种水、高色的高品质翡翠，受到赌石人和藏家的青睐，尤其是具有赌性和特色的蜡皮，颇具吸引力。

图83、图84是回卡场口的蜡壳料子，皮壳上面擦出来的高色很阳很靓。但是

切开后显示色是膏药，没有进去，变种了，说明这类型的赌石风险超大。因此赌石一定要"冷静"思考，不要去想象。石头是千变万化的，稍有不慎，就是天差地别。这块料子好在裂少，可以取手环，把有色的部位套进去，镯子有半段绿色，料子价值也能体现出来。

图85这块料子是我比较喜欢的一份东西。回卡皮壳，种好，色也好，做出来的成品为冰种带色，价值很高。这份料子当年在平洲公盘出现时候，被一位大师以高出底价好多倍中得。回想当时的价格，比起今天还是很便宜。今天这样一块满色的大观音成品要大几十万数，现在像这样质量的东西在公盘是越来越少了，特别是有档次的顶级翡翠毛料，有些料子才在公盘出现一次后就永远消失在地球上！

图86是一块回卡蜡皮色料，高绿，糯化，缺点就是裂多。这类半明半赌的货，在平洲不好卖。平洲市场的主流是切一刀的东西。这种擦擦口、磨磨皮就拿来公盘摆的货，多数是货主拦标，很少成交，因为风险大。这种货在云南边境就是

图85

图86

图87

图 88

图 89

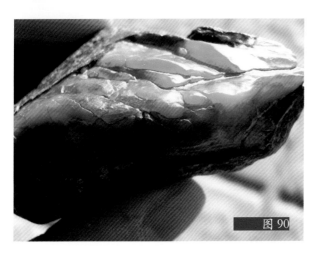

图 90

主流，因为云南盈江、瑞丽等地喜欢赌货。所以每个地方做石头的方式方法不一样，广东的做法求"稳"；云南做法求"发"，各有千秋。但初入门的玉友最好还是稳点，在基础打牢以前不要急着去买蒙头货，永远记住石头是"十切九垮"，"十赌九输"！

我们天天讲回卡，可什么是正宗回卡？今天我们就来看一块标准的回卡料子。图87这份就是回卡最标准的料子，水翻沙，头层。丝丝绿，种老，取货高。唯一的缺点就是底灰了一点，取货抛光后影响其价值。

图88是另外一种回卡的表现，外皮也是蜡壳，但里边的肉却是紫罗兰，很好的糯化种。这份料子最大的好处是没有裂，属于中档货里面的精品手环料子。紫罗兰料子最近几年价格都是在不断上升，是因为受爱好者追捧，需求量大。

图89、图90是一份很顶级的回卡高色料子，其皮壳就是红蜡壳，擦出来的地方冰种满色，很漂亮，色度够黄味足，就是裂多，整体做一个把玩件一定出彩。

图 91

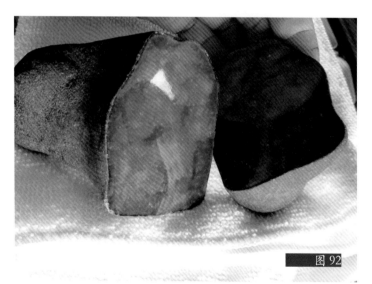

图 92

七、后江

此场区的命名是因为其位于坎底江（又称后江）江畔而得名，原石多产于河床冲积层，是一个很有名的场区、场口，分为老场后江与新场后江。

老场后江原石有个特点，它皮薄呈现灰绿色或灰黄色（俗称青蛙皮），个体小，很少超过1千克，且基本是水石，磨圆度较好，许多原石很像芒果，皮壳较薄，玉质细腻，有油脂感，常有蜡壳。此场口常产满绿翡翠，少雾，水头也好，所谓"十个后江九个水"！

后江一般不出砖头料，只出色料，缺点是裂多，但是有裂的地方，常常伴随水口的出现。而有水口的后江料，取出来的戒面质量非常的好，很多著名拍卖行的戒面、珠子都是老后江所出。

底好、种老的后江石头，即便色淡，抛光之后颜色比原石变好变深，颜色会随着时间的延长而越来越绿，行内称这种现象为翻色，是制作戒面的理想用材。

老后江的翡翠毛料今天很少能在市场上见到了，每次公盘都会有几份料子摆盘，

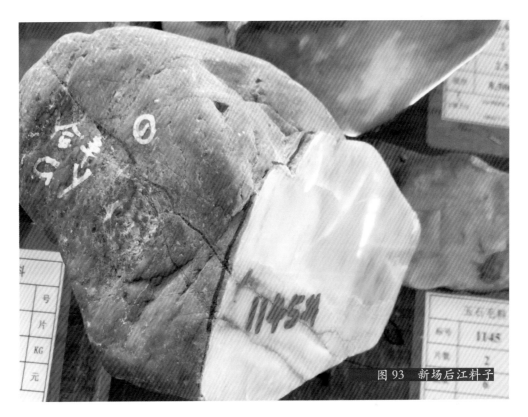

图 93　新场后江料子

你可以在其中一睹后江料子的真容。

图91、图92这份料子就是老后江原石,种水好,色阳,取货高,抛光后颜色会变深,水头会更好!

图93,新场后江料子的皮较老后江厚一些,皮壳颜色较老后江淡,大多呈灰色,看上去种显嫩。新后江料子个头相对较大,大者有3千克,但裂纹多,水与底均比老厚江差,密度及硬度也比老后江略小。特别要知道的是新场后江翡翠成品抛光后颜色会变暗变差,不及原石色彩好,即使满绿、高翠的毛料也难做出高档成品,所以辨别后江原石是新场还是老场显得特别重要!

第四章　翡翠毛料的颜色

　　"翡翠"一词的最初含义，是指"红翡绿翠"。但实际上翡翠的颜色实在是多得让人应接不暇。很多介绍翡翠颜色分类的文章都写到翡翠的颜色分为七大类：无色、白色、绿色、紫色、黑色、黄色和红色，另外还有这些单色的组合色，例如黄夹绿、春带彩、三彩、五彩、七彩等等。其实简单一点来说，翡翠颜色可分为三大类：原生色、次生色及组合色。原生色包含白色、绿色、黑色、紫色；次生色包含翡色和次生绿色；组合色包含黄夹绿、福禄寿、白底青等，真可谓"五颜六色"。

　　翡翠的种与色是有联系又有区别的关系，所谓的"内行看种，外行看色"，说的是谈翡翠的色，要建立在翡翠种好、水好的基础之上，如果光是色好，种水差的翡翠，其价值也不是很高。那些达到收藏级别的高色翡翠，种水必然在冰以上乃至玻璃种。

　　翡翠之"翡"，色彩极其丰富，变化莫测。用色谱排列，其从红到紫，以光谱划分从黑到白；红色主要是偏向于红的暗红、褐红、褚红、灰橙红等，所指的"红翡"就是它。"翡"往往处在表皮的下层和玉身的上层，但不是每一块翡翠原料都有"红翡"。一些经验丰富的工艺师，会利用它们的组合，雕刻出两者兼顾的工艺饰品，俗称"俏色"。

　　翡翠的"翠"，它的主要特征从色谱排列有：偏黄的黄绿、淡黄绿、嫩黄绿、秧苗绿、苹果绿、带祖母绿色调的绿、翠绿、绿蓝、蓝绿、灰蓝绿、墨绿、灰蓝、灰紫、淡紫、粉红紫、蓝紫、紫罗兰，直至灰紫罗兰、青灰、灰褐、灰黄等等，另外还有黑翠与白翠。翡翠的白往往不同于白玉（软玉）的白，因为翡翠有"翠性"结构，不似白玉温润、柔和，结晶结构相对细致紧密，显得光泽要好，没有油性。

　　翡翠的颜色丰富多彩，有翠绿色、红翡和黄翡、紫罗兰三大高色，尚有青色、墨绿色、棕色、褐色、白色和蓝色等颜色，其中以翠绿色价值最高。翡翠赌石最主要就是赌绿色，老坑翡翠原石翠绿色料一直是升值空间最大和升值最快的品种，是翡翠原石公盘拍卖的亮点，深受大众所追捧；绿色又分为：帝王绿、阳绿、黄杨绿、秧苗绿、苹果绿、瓜绿、墨绿和豆绿等。翡翠的颜色较多，种和水头也分得比较细，翡翠矿带中矿山场口也比较多，故又分老场与新场翡翠毛料，老坑与新坑，又分为山料、半山半水石和水石，而高色料是指绿色好而多的翠绿色毛料。

用我们自己的语言来说说评价翡翠，就是"七字真言"：老，辣，油，亮，嫩，偏，轻。

"老"指的是色度的老，不论你拿起来对着太阳，灯泡，电筒，色度基本不变，这就是老的定义。

"辣"，这个字你要联想到辣妹，辣味，这是什么意思呢，就是你的第一感官会受到猛烈的刺激，就是色要有冲击力。

"油"通俗讲即是起胶。这里要弄清一个细微之处，起胶的东西一定种老，但是种老的东西不一定起胶。有油度的色料，回卡、达木坎和后江三个场口比较多见。

"亮"是一个概念词汇，譬如太阳，是我们这个世界最亮的物质了，你可以想象一下，翡翠色度的亮和太阳的亮之间的联系。还有这个亮字，广东地区称为靓，见到青色为靓。而青本身就是属于绿色系统，因此古代先人也知道这里面的联系。

"嫩"指的色力弱，但是有朝气，代表场口即是木拿和摩西沙。

"偏"是相对于"正"来说，如果以色来讲，凡是不是正阳色的色，都属于偏色，偏色和正色之间的价格相差很大，这要你不断实战才可以慢慢区分。

"轻"这个词，和密度有关。一份料子，如果很多色的东西指标都吻合，可是在"轻"这个字上输了，那价值差异也就很大了。

七个指标，前四个是正面，后三个是反面，正反两方面综合起来诠释了色的问题，如果细分大概有20多个指标，排列组合的话，真是无量无边种差异。

一、绿色系列

纵观历届缅甸和平洲公盘，都可以见到一些极品绿色毛料，今天就展示给玉友们一起来学习共勉：

图94是2007年12月缅甸仰光公盘最出彩的毛料，一份底价8 000万欧元、一份底价5 000万欧元的历史标王。关于它的故事，我曾经在博客上详细写过。这料子最大的特点是：种老，起寒，色有水路，好似游龙惊魂，整体满色到冰，色中有丝丝白色的水纹路，取货出来，水路反弹，无影无踪，这就是寒味的最大表现。肉中有黑斑，好似人老长老年斑，证明岁月之沧桑，历经千万年。然而这份料子2007年公盘居然流标，于是乎货主把大玉切成几份更小的，出现在2008年三月缅甸仰

MID EMPORIUM (2007)	
Lot No.	5032
Pieces	1
Weight (Kg)	171.00
Reserve Price (Euro)	80,000,000

图 94

图 95

图 96

图 97

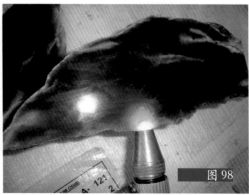

图 98

光公盘。

此组料子来自摩西沙场口，种已经老到是神仙级别了。图95～图98的照片真实记录这份东西最精彩的地方，揭秘出来给大家仔细去品味。你要经常、不断地看，不断地研究、体悟，才会慢慢看懂这份料子的精华所在！

这组照片是这块料子的龙眼，非常神奇美丽，绿色的部位达到龙种，我忍不住抱起来拍摄了几张，如今这料子早已灰飞烟灭，但是我的照片和石头都留在了方寸之间的像素间，套用我的一句老话"看过即是拥有，一念乃是永恒"！

图99

图99，手捧这份神圣的翡翠，内心不由得心潮澎湃，感恩万千，大自然的神奇就在于可以组合人性的善恶，可以用美丽来诠释生命的灵动。

总结一下这块料子，有几个特征和其他不一样：

第一，种老到出水线，并且水线为白色丝丝，仿佛链接天地间的飘带一样，神秘隐晦，若隐若现；取货抛光之后水线就神秘消失，水头会反弹出来，这才是最令人惊叹的地方。

第二，石头局部出现老年斑，证明在地壳中存在了亿万年，吸收了天地日月之精华，做出来的成品基本含有"通灵"的特殊意义。

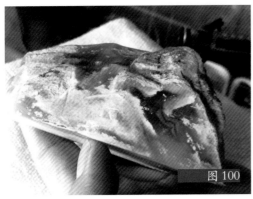

图100

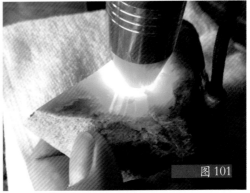

图101

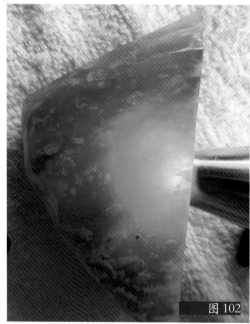

图 102

图 103

第三，料子的底水、色是一体的，尤其是绿色部分，这就是传统定义的龙种，据说这块料子是在溶洞中发现，也许那里就是龙宫。

图 100、图 101 是一份标准的木拿场口料子，木拿场口色淡，水好。由于水好，所以丝丝色都会化开，融入玉肉里，仿佛倒映在水里，这就是翡翠最玄妙的地方。很多种不够的色料，修行不够，不会有这样的效果。木拿场口赌石需要注意三个要点：第一，赌棉；第二，赌变种；第三，赌裂。关于木拿的色，下面再陆续展示一下：

图 102、图 103 是典型木拿场口的料子，木拿场口料子色度有个特点，像春天植物刚发芽的绿色，虽然色度嫩，但是水足，给人一种清新的生命感，富有朝气。易经说，东方为震卦，象征绿色，青龙，代表万物开始起来的阳气，这就和木拿的绿色非常契合。进入 21 世纪，人类更喜欢绿色的东西，比如绿色食品、绿色环保。木拿是一种象征生命力的色，所以木拿是一个翡翠的代表符号。

木拿色带给人感觉是清新、靓丽，具有一种生命力旺盛的美感，很像春天树叶发芽的状态，是一种气场螺旋上升的朝气。因此，进入 21 世纪以来，以它为代表的"木拿绿"就是这个时代的一种象征！

八大场区的料子中，木拿的色度和水度是最具有灵性神韵的，虽然它的色度不

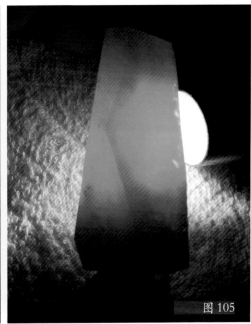

图 104

图 105

是最好，但是它的水最旺，行业也把木拿统称为木拿种，而这种称呼不是哪个人定义出来的，是大家在不断的实践中，发现它具备单独称雄的特质。因此才称其为"木拿种"。木拿这种旺才水，和它的水色有灵气有很深的关系。

　　图 104、图 105 是一份很出彩的木拿玻璃种顶级料子，两小块，只有 40 多克，但价值是小 8 位数。顶级的料子是按克拉来计算价值的极品，纵观整个公盘过万份

Weight (Gm)　: 355.00 Gm　2
Reserve Price
(Eur　　: 1,190,000

图 106

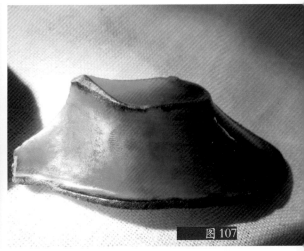

图 107

毛料，这类质量的东西就有一份，真是亿中挑一，稀有级别。木拿的美丽，需要时间不断地加持，你才会领悟其中的奥秘。

　　木拿的色永远是那么的青春、舒展，那么的富有朝气与气韵，代表生命的出发点，代表春天万物苏醒的能量。这份料子可以取戒面，可做花牌，取货出来美艳极了，定会震惊四座。

　　翡翠的鉴赏不是一成不变，而是会随着时间、空间、地域、文化、光线、心情

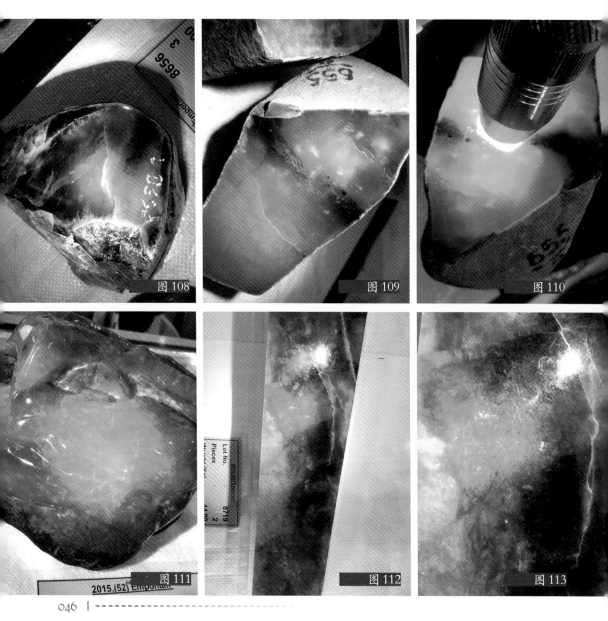

图 108

图 109

图 110

图 111

图 112

图 113

和阅历在不断地变化，这就符合中华文化的中庸之道思想，不偏不倚。

图106、图107这份料子是2015年6月缅甸公盘的一份摩湾基高色料子，典型的黑乌沙皮壳，皮壳下为高色满绿，种水色都是一流，价值不菲。

图108～图110是一堆后江场口高色料或者带子色料，后江场口的顶级色料取货很高，色阳，色正，色浓，是不可多见的好东西。

图111是一份回卡蜡壳的高色糯化料子，色辣，色正，就是水头弱了一点。

图112、图113是一份老帕敢场口的黑乌沙，色辣，色阳，色正，可称之为标准器，不多见。

关于豆种翡翠大家一定要仔细研究，不断学习。"豆种"这个系列家族非常庞大，可以这样说，九成的翡翠可以划归为"豆种"系列，而豆种系列的翡翠从顶级货到垃圾货都有，差别很大。翡翠最难把握的是对色度和色差的分别，这就需要你不断地训练，不断地丰富你的知识，提高你辨识它们的眼光，没有所谓的固定模式可以去套。这里面还涉及一个时空和人类眼睛对色差判断的问题。同样一个色谱的东西，在高原地区和平原地区看，靠近海滨和靠近沙漠看，在草原看与在荒山看，会呈现出很多细微的差别。譬如春天发出来的嫩芽，都在绿色的色谱里面，但也各显不同，这就是物理层面的细微差别，这还好理解；另外，不同地理环境再加人们心境的变化，同一件东西，万人看去就有万种解读，这需要你不断感悟才可以体会得到其中的差别与奥妙。

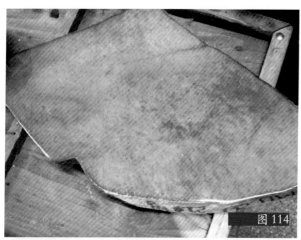

图114

2014/03/18 14:17　图115

图114这类豆种料子多次出现在不同公盘，为什么，证明市场接

图 116

图 117

受度高。虽然种嫩，但是满色，有手环，上手效果很不错，价格又能为大众所接受，因此很多消费者非常喜欢这类型的东西。

图 115 也是一份大豆，但是这份豆和上面的那份不同之处在于色差和粗细度不同，这份偏蓝绿青，所以色度不一样，价格差异很大。这类手环价格也不便宜，因此豆色的只要有手环，那也是非常不错的。

图 116、图 117 是香洞场区的色带手环料，取货非常不错，色偏蓝，种老，皮壳铁锈黄，说明地质构造中含铬和铁离子多。这些料子赌石时候很有意思，如果带红雾，那就不要去赌，因为很多底灰。

翡翠最深奥就是对色料的研究，相对而言"种"的理解比较容易一点，涉及色的变化和组合，真的是非常的深奥。场口的不同，色度的深浅，底的灰与白，裂的深浅，水的长短，种的老新等等都要去分析和判断，因此掌握相玉的功夫，本身就是一种修行。这种修行贯穿到你的生命之中，它促使你迈向未知的领域，实现无尽的超越。

二、紫色系列

紫色翡翠又被称为紫罗兰，它是一种颜色像紫罗兰花的紫色翡翠，是翡翠中的一个特殊的品种，珠宝界又将紫罗兰色称为"椿"或"春色"。翡翠的紫色一般都较淡，"春色"按颜色可将其分为高、中、低三档次，分别为红春、紫春与蓝春，红春价值较高，紫春略低，如果得到怪桩（蓝色翡翠）的蓝春，价格变化则会有较大的弹性；

虽然并不是极品，但却是翡翠收藏家们愿意珍藏的品种。因此并非只要是紫罗兰就一定值钱，一定是上品，还须结合质地、透明度、工艺制作水平等质量指标进行综合评价。

紫色在翡翠中的分布比较广，在绿色不多的翡翠上常常可见到紫色，但大多颜色比较浅，成片分布，与白色翡翠的界线模糊，并都会被绿色翡翠穿插。从结构上讲，紫色翡翠多为中—粗粒呈柱状到长柱状晶体结构，有些紫色翡翠的晶粒可呈巨粒状，长达 10mm 以上，颗粒之间的结合比较紧密；所以同一块翡翠，紫色部分的透明度常常比白色部分要好。从时间顺序上，紫色翡翠属于较早世代成矿的翡翠，但晚于同一时代的白色翡翠，紫色翡翠常呈角砾状被白色翡翠包围。一般认为，紫色翡翠中不会出现较好的和较多的绿色。

一般我们看到的紫色翡翠大多颜色较淡，质地比较粗，种较嫩，水头较差水短，所以常用"十春九木"来形容很难见到颜色鲜、水头好、质地细腻的紫罗兰翡翠。图 118～图 120 这一份冰红紫料子是摩西沙场口的奇货，种水非

图 118

图 119

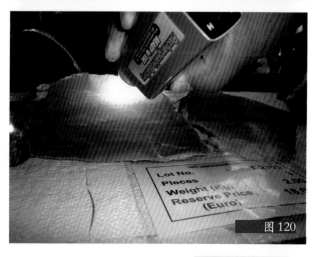

图 120

图 121

图 122

常好，红紫也很罕见，在公盘上遇到也实属不易。

　　图 121、图 122 是 2015 年缅甸 6 月公盘出现的顶级玻璃底茄紫色摩西沙场口料子，种老，你可以从 360 度不同角度诠释它的美丽。

　　图 123、图 124 这份顶级摩西沙玻璃种紫罗兰小料同样是 2015 年 6 月缅甸公盘出现的东西，料子虽小，却很出彩，是这一届公盘的经典之一。

　　图 125、图 126 这份是 2011 年 6 月缅甸公盘的高冰摩西砂紫罗兰顶级料子，起

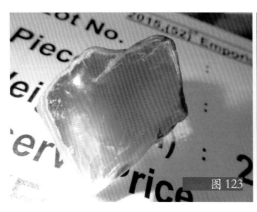

图 123

图 124

图 125

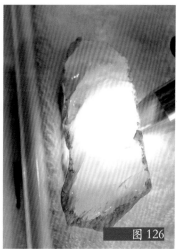
图 126

胶，钢味够，在紫罗兰系列料子里边属于万里挑一的东西了。

三、红黄翡和红紫翡翠

红翡是含微量元素铁较高的翡翠，又称为红色翡翠，以褐色调为主，褐中泛红的翡翠称红翡，以红色调为主，红中显褐的翡翠称翡红。红翡多为玉石的表皮部分，又称红皮或红雾。天然质好色好的红翡玉难得一见，可遇而不可求。最好的红色称"鸡冠红"，红色亮丽鲜艳，玉质细腻通透，为红翡中的上品，其色泽可能是由于含有少量的 Co^{3+} 所形成的。常见的红色翡翠多为棕红色或暗红色，使人有"暗暗幽幽"的感觉，厚实而不通透，玉质偏粗，多带杂质，价值不高，红翡一般可在雕件中作俏色雕琢。

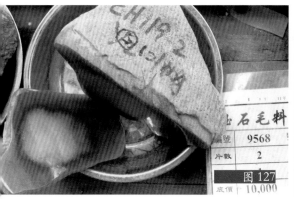
图 127

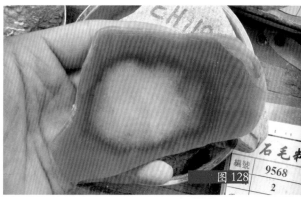
图 128

玉石毛料

	3237	號	
	8000	元	
	3	片	
重量	1.5	kg	

图 129

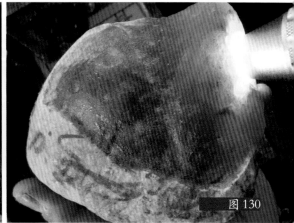

图 130

玉石毛料

編號	10,385	號
片數	2	片
重量	0.8	Kg
底價	60,000	

图 131

玉石毛料

編號	7587	號
片數	2	片
重量	5.5	Kg
底留	8,000	元

图 132

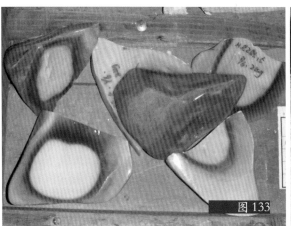

图 133

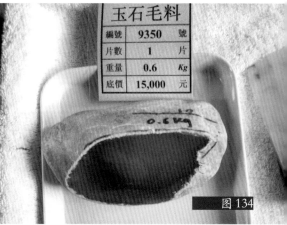

玉石毛料

編號	9350	號
片數	1	片
重量	0.6	Kg
底價	15,000	元

图 134

红翡和黄翡都是翡翠中比较少见的色，一般达木坎场口比较容易出现红翡和黄翡的料子。也有一些是红、黄色调的料子，有极少数还是红和紫色的搭配，也是多色系列的特色。尤其种水到达"冰"以上更是万中稀有。

图127、图128是一份非常经典的达木坎红翡，种老，红翡活灵活现，其下的肉白，更衬托出红色出火彩了。

图129、图130是一份达木坎黄翡蒙头水石，种老，水长，很值得一赌。

图131这份料子的色虽然红，但是水短，感觉没有灵气。

图132这份也是黄翡，有特色，不多见，缺点就是水短。

图133这堆红翡也有特色，肉质白，红色部分达到冰种，达木坎场口。

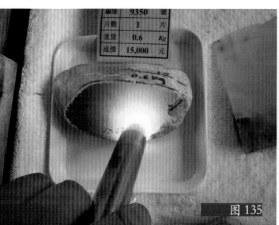

图135

图136

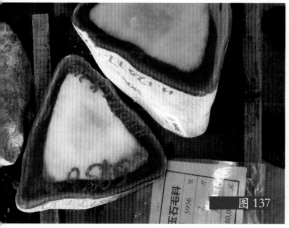

图137

图138

图 134、图 135 这份小冰黄料子很有味道，种好，水好，是一份很难见到的种水色皆佳的黄翡。

图 136 这份黄翡颜色不错，水石，种老，值得一赌。

图 137 这份料子也很有特色，天然大红的色彩，难得一见，唯一的缺憾就是水短。

图 138 这块红翡翠是我见过最有特色的一份料子。回卡场口，水翻沙，顶级美丽。

图 139 这堆料子，有一份是红带紫的料子，很奇特，很少见，另一份红翡也是很经典，肉质很白，水好，不多见。

图 140、图 141 这份红翡是真正意义上的好货，颜色鲜红、透光度较好、玻璃光泽质地水润的天然红翡很稀缺，种老，水好，色正，起货高，可遇不可求，价格

图 139

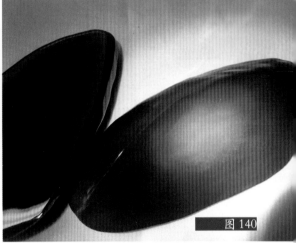

图 140

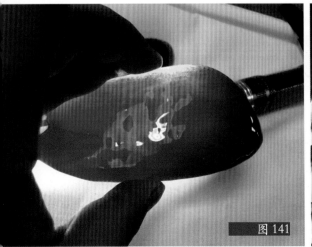

图 141

图 142

极高。

在选购红翡的时候，要注意假冒的红翡。现今市面上存在着一些烧红翡翠，这类翡翠都是对翡翠进行人工加热，使灰黄、褐黄等颜色的翡翠改变成红色的工艺，是一种加热处理，俗称烧红。

图142是市场上售卖的红翡料子，大部分为烧红。

天然的红翡和经过人工加工后的烧红翡翠区别还是较大的，鉴别比较容易。首先从透明度上说，烧红翡翠的透明度明显不如天然的红翡，水润度明显也要比天然红翡来的差得多。这是因为烧红翡翠色根常无定向性，杂乱无章或者呈放射状，质地干燥，透明度差，结构破裂；其次，天然的红翡还有一个特性，红色翡翠内的赤铁矿有平行定向排列的趋向，即所谓"色根"有平行排列的现象。这也是通常红翡较多出现所谓石纹的原因之一。

四、春带彩

有时与翠色和紫罗兰色共存在同一块玉石中，由它制成的红色翡翠手镯等饰品非常惹人喜爱，倘若"水"好质佳，则价格不菲。

图143、图144是平洲公盘一份非常有代表性的春带彩大料，绿色正，色彩丰富而艳丽，可惜裂太多，很难取手镯。

图145、图146是木拿场口春带彩冰种手环料，完美。水头这么足的春带彩料子不多见。

图147是木拿场口春带彩，种老，关键是底有脏点，这是翡翠毛料最忌讳的硬伤。

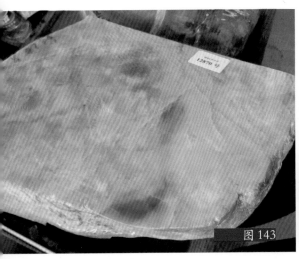

图143

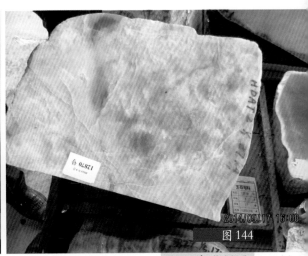

图144

图 145

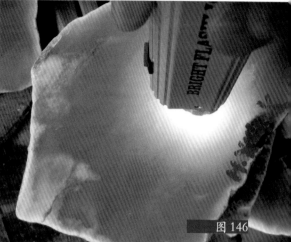

图 146

图 147

第五章　翡翠毛料的皮壳

一、翡翠毛料皮壳简述

翡翠的皮壳与内部玉质有着密切的关系,在一定程度上反映着它的内部特征。一般情况下,如果皮壳较薄,结构紧密,细腻光滑,细润,则翡翠内部的质地也会好;反之,如果皮壳较厚,结构松散,皮质粗糙,翡翠内部的质量也不会好,因此行内有"沙粗肉粗、沙细肉细"等等经验之谈。

下面对一些传统皮壳赌石口诀做个简单分析:

沙粗肉粗:皮壳沙粒粗,皮下玉肉质地就有可能粗。

沙细肉细:皮壳沙粒细,皮下玉肉质地就会细腻。

沙均肉均:皮壳表面沙粒均匀,玉肉质地也可能均匀。

沙净肉净:表面沙粒杂质少,玉肉杂质也可能少。

沙乱地毛:表面沙粒形状、大小差异大,排列杂乱,皮下肉质也可能比较乱。

沙硬地坚:皮上沙粒如果比较坚硬,内部玉肉硬度也就可能高。

沙泡地嫩:皮壳表面沙质结构疏松,内部玉肉就有可能种比较嫩。

沙铁肉亮:沙粒结构细腻,外观坚硬,预示着肉质种水好,玻璃光泽强。

沙板地木:皮壳表面沙粒本身不很透明,手摸上去粗糙度差,就有可能水头差,不透明。

二、典型皮壳解析

因为翡翠场口众多,皮壳的种类也就繁多而复杂,不同场口的毛料,其内部品质在皮壳的表现上也各不相同,各有特点,根据原石的皮壳的表现来分析、判断内部玉肉的品质好坏,是翡翠赌石重要的环节。下面我们根据图片对一些典型皮壳进行分析。

1.黄盐沙

黄盐沙是黄沙皮中的上等货,皮壳黄色结晶颗粒如食盐状隆起。所有场口都有

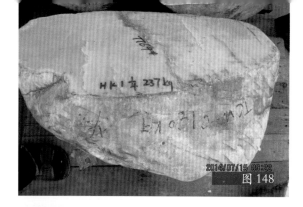

图 148

图 149

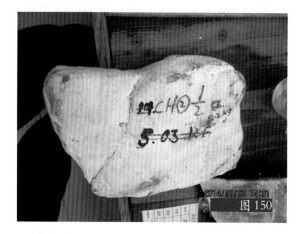

图 150

图 151

黄沙皮,所以黄盐沙皮的翡翠毛料,场口很难区分。黄盐沙皮只要沙粒翻得均匀(沙粒大小一致,排列整齐),就是好货。黄盐沙皮壳表现的毛料经常出现高绿翡翠,是高色翡翠存在最多的皮壳特征。

图 148 就是典型的黄盐沙皮壳料子。黄色皮壳是由于砾石沉积后,在氧化环境中长期浸泡在二价铁较高的溶液里面,含水铁质顺表面裂隙,解理充填而成。在薄片中可以看到此种翡翠表皮的裂隙和解理中充填有粉末状的褐铁矿。

图 149 这是黄盐沙皮壳的糯化飘花种,有水线,手环料;取出手环抛光时,水线部分种会变好。

2. 白盐沙

白盐沙皮是白沙皮中的上等货,有白色如食盐状的皮壳。白沙皮和白盐沙皮经常产出玻璃种、冰种翡翠,是高级种水料存在最多的皮壳特征。

图 150、图 151,此石的白壳沙子细粒成片,证明种特别老。因此从皮壳大概可以判断此石是一块种老的好货。

图 152 是标准的白盐沙老玻璃种料子,这类肉质发蓝黑的料子,一定要重点关注,这就是龙宫的水,清澈见底,深邃空灵,代表天地间的那种气韵,那种生命的气息。

图 152

图 153

图 154

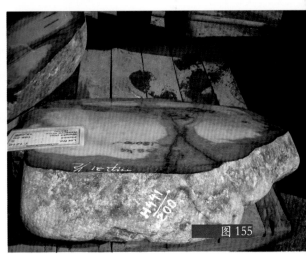

图 155

图 156

图 153 是最正宗的摩西沙白盐沙皮壳，大家仔细看看皮壳表现，和你们平时所见的摩西沙不一样的，沙翻得立起来、刺手粗糙。这个场口好东西基本只在大公盘见得到，民间很少有。

3. 老象皮

所谓老象皮（大象皮），是指一种灰色皮壳，其表面有起皱，形如象皮。

老象皮料多有玻璃种、冰种翡翠产出，帕敢场口产出最多，是上等种水料存在的皮壳特征。

图154为摩西沙大象皮冰蓝花，这种料子种老，取货高，看着像糯化，取货出来是糯冰，看着像糯冰，取货出来是冰种，依次类推。

图155这块石头就是典型的大象皮，这种皮壳表现的石头一定种老，且内部也会有色。从这块料子看是淡春带彩，做手环是十分漂亮的。石头虽有几道大裂，但不影响其价值。

图156这块也是顶级老坑摩西沙人物料，老象皮，玻璃种，几片料子的种水有差别，左边最好的两片取货超高，另两片棉稍重。

4. 铁锈皮

铁锈皮：由于原石长期被包裹或浸泡在含氧化铁的红色黏土中，被铁质浸入皮壳形成褐铁色。需要注意的是铁锈皮毛料大多数底灰；如果高色就能盖过灰底，看不出灰的感觉。

图157是典型铁锈皮料子，铁质浸入很厉害，皮壳完全为铁锈色，局部严重的已发黑。

图158是达木坎铁锈皮料子，此份料子氧化铁浸入相对较轻，仅在表面形成褐黄色，皮下未被浸入，玉肉颜色较白，不灰，还是一份不错的三彩，实属难得。

图159、图160就是传说中的铁锈皮，这种皮壳都是老坑了，种老，皮紧，沙坚硬。擦口有丝丝绿色，但底太灰，取货效果不好。

图161是一份黄巴老场铁锈皮老坑料子，皮和肉之间有红雾，这是种老的一个表现。

5. 谷糠皮

沙发成丝状的取名为"粗糠皮壳"，像稻谷糠，色黄，成丝状。

图162、图163是达木坎典型谷糠皮的料子，切开肉质比皮壳上表现得要好，有色带，取货高，种老。所以赌石要慢慢去沉淀才可以领悟其中之奥秘。

图164这份料子也是典型的谷糠皮壳，看上去皮壳颗粒很粗，结构也显疏松，应该是种嫩的东西，想来其底应该不会很好。需要注意的是其皮上有松花表现。

图165，料子切开后十分令人意外，玉肉细腻，种也老，皮下有绿，其黄雾也不错。所以凡事都有例外，这件料子就一个最好的例子。

6. 石灰皮

图166、图167是一份老场石灰皮玻璃种，很多朋友都认为是摩西沙，其实非也。

图 157

图 158

图 159

图 160

图 161

图 162

图 163

2014/09/17 10:55 图 164

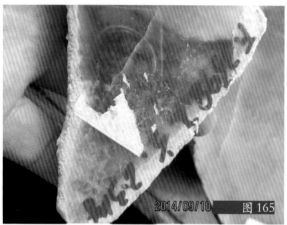

2014/09/18 图 165

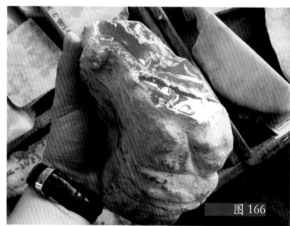

图 166

图 167

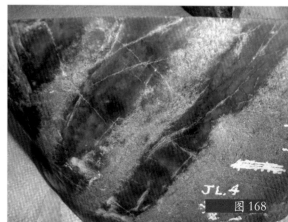

JL.4 图 168

这是老帕敢场区的料子，钢味很顶级，是很好的戒面料和人物料。帕敢玻璃种和摩西沙玻璃种之间最大的差距就在皮下有薄薄的一层白雾。这雾仿佛山区清晨漂浮在山腰那种朦胧的雾气，代表空气湿度非常高；也好像池塘清晨的薄雾，蒙蒙中投射出池潭的秀美和自在。大自然很多东西是相通的，问题是自己可以感受到吗？

7. 乌沙

初学赌石的人经常听别人谈论"黑乌沙"，却不知道"黑乌沙"之前还有一个"乌沙"。那什么是乌沙皮壳呢？下面我们来看一看。

图168这份料子就是标准的乌沙皮壳，皮下是高色底子。好好地看看吧，记住它，今生如果有缘能见到实物，可千万不可错过！

图169是一份严格意义上的乌沙料子，老坑，后江，切出小料或成品时，肉质带色部位质量不错，问题就是底有点灰了。

图170这份是老回卡高色料子，真正意义上的乌沙。很多朋友看见黑皮石头就

图169

图170

2014/03/18 09:

图171

图 172

图 173

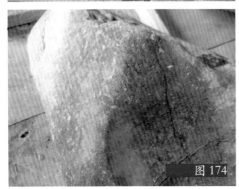

图 174

说是乌沙，真是差之毫厘，谬以千里啊。

这是多年未见的好东西。有色的地方种水一流。这样的好货也只有公盘才可以一睹庐山面目了。

图 171 就是严格意义的回卡乌沙皮，乌沙不是指那种黑皮壳，而是像云南石林石头的颜色，也就是上面这份料子皮壳的颜色。这是你要留心的东西。我们常听人说"黑乌沙下出高绿"，所以许多人就冲着黑皮石去了，其实前人说话经常是说一半，不说另一半，这就是翡翠难学的地方。因为没人带你入行，所以你摸索的过程很长，而在这个漫长过程中，你耗尽了时间和银子，一无所获，最后退出了，大多数玩石头的人基本是这样走下去的。因此你要留心最细微的差别，慢慢积累，这才是你翡翠境界提升的正确之路！

三、细说蜡壳

蜡壳指的是敷在沙壳上的一层较薄的胶性物质，从颜色来分有红蜡壳、白蜡壳、黑蜡壳、黄蜡壳。蜡壳只在少数场口出的块体上能看见，如老场区的回卡、帕敢、后江等。

蜡壳的硬度只有摩氏 2 左右，成分同沥青一样，状似蒸馏煤焦油，它的黏性强，是一种地下高温高压产物。但要注意的是，蜡壳与翡翠块体的质量没有直接关系，有蜡壳的不一定是好料，但一般发育都比较充分，成分稳定，很少有异变。

图172 这份料子是典型的回卡蜡壳高色，这种料子是老坑石头，种老、色正，是十分好的花牌手环料，深受北方市场人士的喜爱。

图173、图174 上面两份料子都是木拿的红蜡壳，与回卡蜡壳相比，油性要少一些。

图175

图176

图177

图178

只是这两份料子种都偏嫩，种水差，色也偏蓝。

四、揭秘"水翻沙"

许多初学翡翠赌石的玉友，经常听说"水翻沙"这个词，可没有机会看到实物，也就弄不懂"水翻沙"到底是种怎样的表现，下面我们就来揭开水翻沙的谜底。

首先要明确的是，"水翻沙"也属沙皮范畴，但水翻沙料子的沙皮一般较薄，干净，就像水流中的沙层，沙粒结合紧密，手摸上去觉得像砂纸一般糙手。水翻沙皮赌石的关键是要看其沙是否翻得均匀，多数呈水锈色，少数呈黄黑色或黄灰色。

图175这份东西是大家最关心的回卡头层水翻沙皮壳石头。大家好好记住这种石头的皮壳，今后要是遇到可不要放过！

图176是一份木拿蒙头擦口毛料，水翻沙，种老，这类赌石在公盘基本都是流标，因为底价很高，广东这边不喜欢玩赌石，因此没有人投标。仔细看这份毛料，擦口处露出来的肉是蓝水，但是结合皮壳表现来分析，这份料子裂多、棉多，里面变种，只有脱沙的部位不错，风险很高。因此木拿赌石的关键就是变种问题。很多料子是色带处种水色好，偏离色带的地方就面目全非，切开就是四个字：惨不忍睹！

图177是回卡场口头层水翻沙，顶级东西，共计1.4吨，这样有质量的大料即使是公盘上也很少见，这样的老场石头现在存世的很少，见一份少一份，可以说是玉石之王了。这份料子除皮壳表现好外，还有蟒带，蟒带出水也非常漂亮。公盘能见到这类东西，可以学到很多东西，应该说是缘分！有机会看到要多多学习揣摩，如果你有机会能见到这样的料子，可千万别放过！

图178这份春带彩翡翠是回卡场口水翻沙顶级货，优点在于紫色和绿色的色度，水度都非常优秀。这块石头吸引了我很久的驻足观看和学习，摸摸它的神韵，吸收点它的灵气，这样我们精力才会充足，才可以接下来看更美丽的东西。

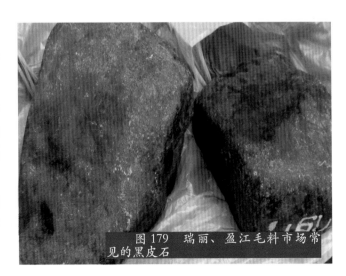

图179 瑞丽、盈江毛料市场常见的黑皮石

图180　瑞丽市场的新场黑皮石，开窗的地方颜色有做假的嫌疑。

五、什么是真正的黑乌沙

很多初入行的玉友，因为基础不扎实，看到黑皮石头，就以为是黑乌沙，这是非常错误的。黑乌沙和黑皮石最本质的区别是：一个是老场口的东西，种老，硬度高，有色带，有色的地方水好，底不灰。一个是新场石，种嫩，硬度不够，表皮色，底灰，裂多。

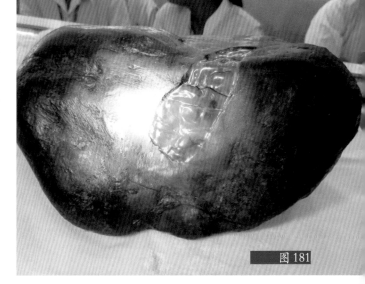

图181

真正的黑乌沙表皮乌黑，并有一层蜡壳覆盖，除达木坎外，几乎所有场口都有黑乌沙产出，但质量最好的是帕敢和南奇场口的黑乌沙，也

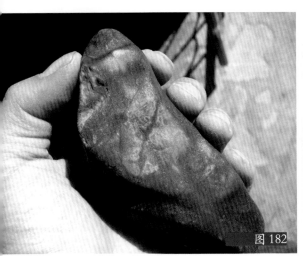

图 182

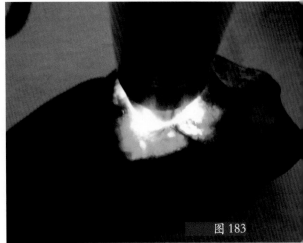

图 183

是高色翡翠存在的皮壳特征。

　　由于近 10 年来的机械化开采，缅甸场口已经把地层挖乱了，所以近 10 年来所出的翡翠千奇百怪，甚至在场口几十年、经验丰富的师傅都不一定知道这块石头出自那个场口，什么种水，价值多高。现在很多场口已经挖到黑角层，下面全部黑皮石头，根本看不懂其表现，你看着像蟒，一切就死；你看着是松花，也是见光就死，很让人困惑。所以原来的书籍记载的"黑乌沙下出高绿"的经验之谈宣布作废，因为你看到的就不是黑乌沙。不要以为前人的经验可以一劳永逸，因为现实在变化，

2014/08/18 11:24

图 184

图 18

所以你一定要与时俱进，不断修正自己的知识水平与认知。

图 181 这份料子是 2015 年 6 月缅甸公盘的一份料子，真正的黑乌沙，顶级带子色，但为擦口货，赌性及大。

图 182、图 183 这是我们在瑞丽市场见到的一份真正黑乌沙赌石，敲口货，皮下见绿，色偏蓝，打灯诱人，但变种的可能性很大，赌性大，风险高。

六、脱沙与掉沙

初学赌石的玉友，基本都有购买公斤料的经历。因为赌石知识有限，有时候会遇到种很嫩的新场石，皮壳上有明显的风化沙粒，有的用手都可以擦掉，就以为自己遇到了脱沙料子，捡到宝贝了，殊不知自己看到的东西与"脱沙"距离十万八千里。

什么是真正的"脱沙"？图 184 照片的皮壳即是答案。仔细研究你会发现，真正的脱沙是因为料子种老，皮壳上的沙粒都掉了，露出下面的玉肉，而不是你用手摸一把石头，皮壳掉下沙子沾你一手叫脱沙，这点一定要搞明白，不然你永

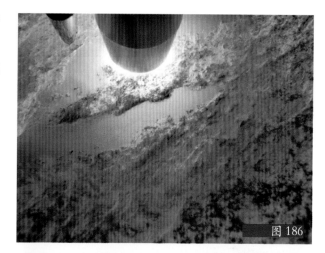

图 186

图 187

图 188

远都是外行，会被人耻笑的。记得一次我去一家赌石店，老板把一块新场石拿出来给我看，一直介绍说那就是脱沙皮，这叫"外行蒙外行"。我们这个行当，很多是为了生存来从事这门生意，不求甚解的人一大堆，浑浑噩噩中虚度自己的翡翠生涯，还把错误的信息传递给别人，真是误人子弟，害人不浅。

图185、图186的料子也是玻璃种，大家好好看看它的皮壳，大部分地方的沙壳已经脱去，打灯全透，种水不错，这是最正宗的摩西沙场口脱沙料子。

图187、图188一份也是摩西沙高级玻璃种脱沙料子，只是这类玻璃种偏柔，起货后效果差一些，但是因为没有裂，可以取手环，是很不错的料子。感受它的磁场是那么的平和与温柔，你会深深爱上她的。

第六章　翡翠毛料的松花、蟒带

一、翡翠毛料的松花

松花是翡翠内部颜色在皮壳上的表现，能显示玉石中颜色的走向、大小和整块玉石品质的好坏，是分析判断翡翠颜色品质最重要的依据之一。松花在翡翠皮壳上的表现多种多样，各场口所出的毛料，松花表现也不尽相同。松花大小、形状各异，有点状、丝状、块状、带状等，有浓、淡、疏、密。一般来讲，皮壳上的松花越绿越鲜越好。

赌石行前辈们依据松花的各种表现，冠以不同的名称，列出一二十种常见的松花名称，包括带状松花、包头松花、荞面松花、点状松花、爆松花等等。这几十个传统的松花名称不一定要死记硬背，更多的应该通过不断学习与实践，掌握松花与皮下玉肉的联系规律。

看松花的要点，要结合皮壳表现、场口等综合起来研究，若场口不正，仅凭松花表现，想让毛料大涨，可能性也不大。其次，要判断其是否是真的松花，不要被假松花或皮壳上的绿色所误导；第三，要分清松花的颜色正偏，切莫看偏了色，做出错误的判断；当然，更重要的是多学习，多实践，积累经验，形成自己对松花的

图189

图190

图 191

图 192
2014/03/19 11:19

图 193
2014/03/19 14:30

图 194
2014/03/19 14:31

9585
2014/07/15 10:16

图 196
2014/07/15 10:16

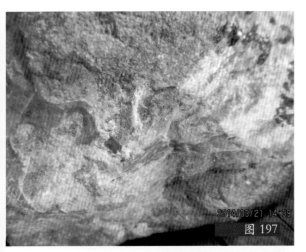

图 197

图 198

图 199

正确认识与判断，减少失误。

图 189、图 190，红蜡皮壳上敷了一层厚薄不等的淡黄绿色松花，水湿皮壳后松花显得鲜艳，石头切开后表现良好，松花最集中的地方色最好，绿色明快而有朝气。皮壳与松花表现稍显嫩，石头切开后种也显嫩。

图 191、图 192，条带松花表现：松花在皮壳上呈条带状排列，突出于皮壳表面，很有立体感，生长十分有力，部分松花被货主擦开，可见花下颜色已经深入肉下，可见有松花的地方皮下有色，无松花的地方无色，所以据松花找色还是很有道理的！

图 193、图 194 木拿大料，仔细看其皮壳，很多松花在皮壳上跳跃，料子切开后绿色成条带状分布，颜色也艳丽活泼，十分耐看。

图 195、图 196 这份料子，松花成片集中，显现在很薄的白沙皮壳上，石头切开后，果然是与皮壳上松花相对应的地方色最多、最好、最浓，这样的松花就赌赢了，切石也大涨。

二、据蟒赌色

蟒是翡翠皮壳上连接成片的松花，也叫蟒带。有蟒的地方皮下大多有色，是判断翡翠内部有无绿色、色浓色淡的主要依据之一。有的带蟒原石可以下赌，有的则须蟒上带松花方可下赌。

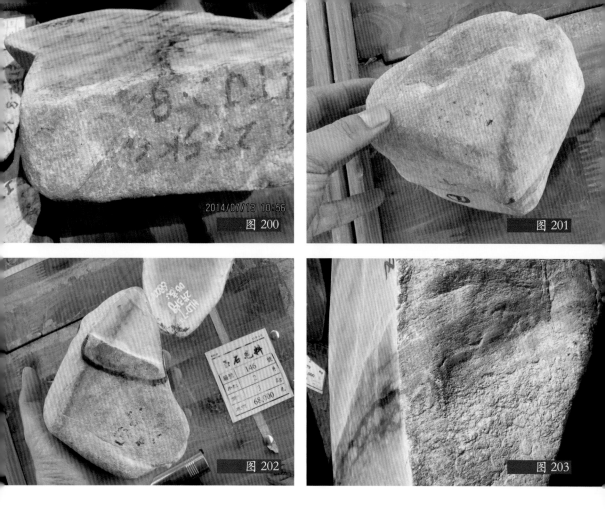

图 200　图 201　图 202　图 203

蟒生长在原石皮壳上，它的沙比其他地方要好，沙细而均匀，有的料子蟒带高出石头表皮，有的料子蟒带凹进去，低于表皮之下。

图 197~199 是 2014 年 3 月平洲恒盛公盘上的一块翡翠毛料。大家看，这份料子红蜡壳上面有绿色凸出的地方就是蟒带，这种绿色带叫带子蟒，表示里面百分百的有绿。料子切开后，有蟒的地方果然有色，无蟒则无色，是最经典的"色随蟒走"的活教材。所以如果玩赌石，有机缘见到这样的蟒带与表现，那是你的缘分。

注意图 200 这份料皮壳上松花、蟒带与切开后料子内翠色的关系，是一块很值得学习的好东西。经常面对这样的图片把玩之，乐趣无穷，也能让你不断地悟出一些东西。

图 201、图 202 这份料子就是典型的包头蟒，皮壳上一条带子绕着毛料的一个边角跑，料子切开后就是有蟒带的那一头有色，往下色越来越淡，到最后消失！

图 203、图 204 这块木拿是传说中的经典，从皮壳表现来看蟒带非常明显，我

图 204

图 205

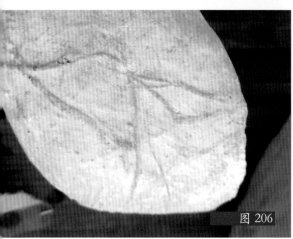

图 206

图 207

在揣摩这石头才出土的时候，货主的心情一定是激动万分，因为这是标志财神降临的前兆。这块料子切开色好，缺点就是"水"短，但是蟒带地方还是体现了那句话"龙到头出水"的效果。这块料子如果竖切，有希望挖出满色金丝手环，出水很靓。

图 205 是一份达木坎半山半水石头，皮壳上有一道很明显突出于表面的铁锈蟒，这条蟒下面的玉肉里有一条红翡带子。此份料子品质一般，其价值大多就来源于这条红蟒了！

图 206、图 207 这份东西很值得学习，是一个难得的反面教材。料子皮壳上可见一道道凸起，好似白色的蟒带。其实那不是蟒，这类东西我们通常称之为"玉筋"，其主要表现在外皮上，有时候高出一条宽窄不一的玉肉，有时高出部分还有淡绿色的松花，而有的是呈猪肝色的网状油脂型，稀稀疏疏地连在一起，有的在皮壳可以看见，有的皮壳要切开才可以看到。玉筋是料子种嫩的一个标志与信号。如果玉筋上有松花，这毛料切忌不要赌！

第七章　翡翠毛料的雾

　　翡翠的雾，是指翡翠皮壳与玉肉之间的一层雾状不透明物质，也是翡翠的一部分，滇西人形象地把其取名为"雾"。雾很神秘，一般是在冬季出之，夏季则没有。此天象也寓意翡翠，以"秋色"平分。老场口的翡翠分"有雾玉"和"无雾玉"两种，大概平分秋色，各占一半，一半有雾，一半无雾。所以很多外行说只有老场的石头才有雾，是不懂真实情况地瞎掰。

　　雾与玉肉一般都有较为明显的界线，但是二者在矿物成分和物理性质方面的差别不是很大，那是因为雾是毛料长时间处于水环境下，被水中的其他矿物沿毛料裂隙、晶体间隙侵入，发生次生沉积而成的。

　　雾的生成与原石的场口有关系，有的场口原石有雾，有的就没有。雾与毛料的新老也有关系，一般说来，新场口所出的种嫩石头，大部分皮壳下没有雾。因此，有雾的翡翠赌性更大。有雾的毛料多了一项决定和控制性因素，一般说来，好的皮壳表现加上好的雾，内部玉肉的品质才会好；皮壳表现好，雾不好，其内部品质一般也不会好。皮壳表现不好，雾也不好，则很可能切开的玉肉是狗屎地了！

　　"雾"的等级又分上、中、下品。下面说说上中下三种层次雾的一般划分：上等雾：白雾、黄雾；中等雾：蜂蜜雾、红雾、牛血雾；下等雾：黑雾。

　　雾还有一个特例，就是跑皮者，即在翡翠原石的皮上露出了雾的颜色。如果发现跑皮的现象，其肉质一定是底灰，很有可能会极大地影响翡翠绿色的鲜艳度，是种不太好的征兆。此外还有一种特殊情况：就是其雾包围不圆。好的雾所包罩的玉肉底必好，雾包罩不到的地方底一定差，表明这件毛料从缺雾之差底逐渐向好底过渡，一半好一半不好。中间部分则有的底好有的不好，这种翡翠有时候很难赌。因为给毛料擦皮的人都是业内高手，他们擦开的地方，一般都是毛料表现最好的地方，他们把其展现出来，让你去想象。所以，佛说：你看见的都是幻象。翡翠赌石亦复如是。此外，成品加工时对雾的利用也是一门很深的学问，这个涉及雕工的知识水平、构图与取货知识等等功夫如何。这里简单说一下，黄雾和红雾（红皮厚者），可以

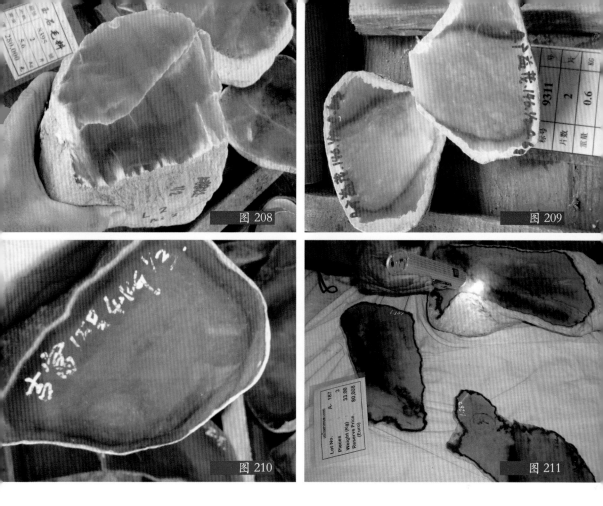

图 208

图 209

图 210

图 211

利用雾取戒面，这种戒面色泽和种水都是一流的。

白雾（图208）一般出现在黄盐沙和黑乌沙皮壳下，厚薄不定，但多数比较薄。去掉毛料皮壳，露出白玉肉，白雾像大蒜的肉皮覆盖在玉肉上，柔柔一层。假如雾下面的玉肉有颜色且比较浅，那么当你把雾擦掉后，色会立马浓艳起来。

黄雾（图209）一般出现在黄盐沙或水石皮壳的毛料上。黄雾这个系统很庞大，有淡黄、中黄、深黄、金黄、老黄等等颜色。如果黄雾生在顶级的玉石上，利用价值不可小看，是很好的雕件料子。这里补充说明一下，如果毛料有霉松化，把松花擦掉露出雾来，而且雾很黄，你再把雾擦了，其色是泛蓝色的，黄味一定不足。如果是超过50公斤以上的大料子，赌石头时候一定要谨慎。

蜂蜜雾（图210），其颜色如蜂蜜一样，这种雾代表翡翠的肉质一定很细腻且透明，是上乘好雾。所以大家要是碰到这种带蜂蜜雾的石头，可千万别放过。

红雾（图211、图212）有两种：一种淡红、一种艳红。这种红雾厚者可以取

图 212

图 213

图 214

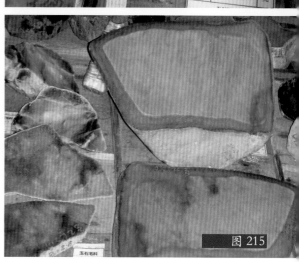

图 215

雾做戒面，很顶级，同时也是巧雕的好材料。一般老做翡翠的行家不太喜欢红雾，因为红雾爱跑皮，雾跑皮的石头十个有九个玉肉底灰。

牛血雾（图213）：其雾色凝结就像牛血一般，颜色为褐红色。有牛血雾的翡翠底灰，如果外皮有松花时，一定不要切了，因为切开的料子基本上都是裂多，底灰，癣多，色偏。

黑雾（图214）常常出现在黑石头上面，黑雾不能太黑，如果太黑玉肉可能成蓝色、灰蓝底或者黑蓝底，肉质里面还会有黑点或者其他癣。黑雾薄厚都有，厚者底灰，但是会出高绿，色度不够，但是一般人还喜欢赌黑雾。所以玩赌石一定要认识雾的双重性，这样就为认知玉石增加了砝码。有的玉石有松花，一擦看不见色，是雾把色隔绝了，结果不敢赌，其实再擦下去，色就出来了。有雾的玉石主要产自达木坎、帕敢、木拿场区。苏卡落玉石没有雾（红格地），大谷地的玉石有少量白雾，龙肯、后江场区、小场区、雷打场区玉石都没有雾，这个要记住。还有一种特殊的雾，是

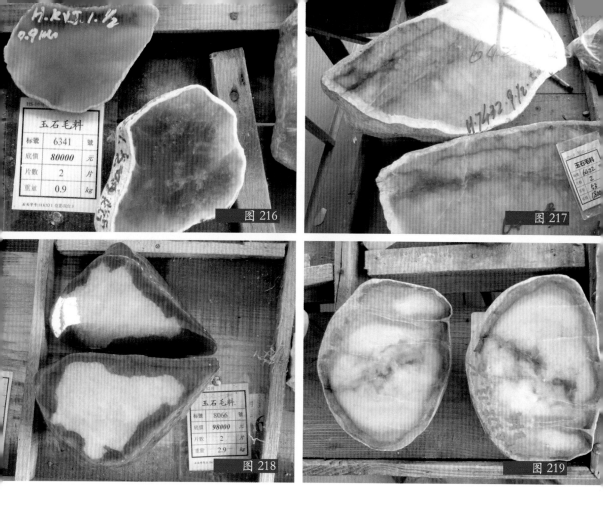

图 216

图 217

图 218

图 219

白雾和蜂蜜雾混合体，有这种雾的石头肉质细腻，是好的把玩件料子。

黑雾主要是大量内部杂质引起的表象，透明度差，个别有黑雾的石头也会出现高翠，但有时水头很差，并且黑色会侵入绿色当中，使得绿色发灰，取货后效果不好，价值大打折扣。

图 215 是一份达木坎的水石，皮下是黄红雾，种老，肉和雾之间界限分明，是标准的老坑料。

图 216 是木拿场口的玻璃种，大家仔细观察就会看发现皮壳下面有一层薄薄的白雾。把毛料外皮磨去，露出淡淡的白色，这就是白雾。有白雾的翡翠一般说明其玉肉杂质少且底子干净，含铁量不高，是较纯的硬玉岩，有一定的透明度，一般会达到冰种甚至玻璃种；如果白雾之下有绿，则可能出非常纯净的翠绿，与底子互相搭配则价值连城。有白雾的料子说明其"种"很老，所以懂行的人都喜欢赌白雾。

图 217 也是一份木拿场口有白雾的色料，色带很阳很艳，因此白雾是赌石者最

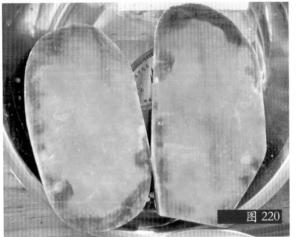

图 220

图 221

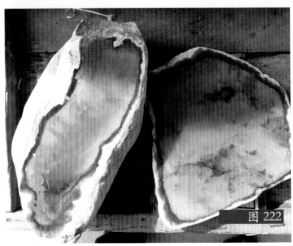

图 222

爱看到的雾。

图 218 是典型的蜂蜜雾达木坎水石，种老，手环料，完美。

图 219 也是一份黄雾的料子，肉和雾之间有黄猫尿（卵水），而黄卵水很多人不关注，它肉质一般细腻，色会变艳。

图 220 是褐黄雾，这类雾多见于黄加绿的料子，很多底会灰，绿色黄味不足，偏蓝。

图 221 是达木坎的红雾料子，红雾有淡红和艳红。大部分人不爱赌红雾，因为红雾爱跑到皮壳上面。如果雾跑到皮上面的，则玉肉就十个料子九个是底灰。

图 222 是达木坎牛血雾，底灰。

一般红雾和黄雾是由于毛料含铁量高而引起的，而高铁又使得翡翠绿色发暗，其铁的来源是长时间的水浸环境。黄雾显示氧化铁的存在，但尚未高度氧化。若为纯净的淡黄色的雾，显示杂质元素少，雾下可能会出现高翠，但要注意的是铁离子可能进入翡翠的内部，致使翡翠内部玉肉的绿色偏蓝，降低其价值。红雾则说明翡翠内部铁元素的含量高、氧化度高。

图 223

图 224

图 225

图 226

翡翠皮壳风化的时间越长，其红雾聚集越多，可能使翡翠内部的玉肉出现灰底，严重影响其品质。由于具有一定厚度的红雾能够掩盖翡翠原石的内部颜色特征，所以通常情况下无法根据红雾来判断赌石内部的颜色情况。但是，如果玉料的黄雾、红雾比较厚的话，也可以用作黄翡、红翡，或是当作俏色来巧加利用。

图 223 是摩西沙的黄雾，按道理摩西沙应该没有黄雾，但是事实有，且种老。

图 224，水石一般的雾都是黄雾为主，也有部分是牛血暗雾，皮薄雾也薄，种老。

图 225 是典型的红雾料子，雾虽厚，但底够白，难得，只是水干。好在裂少，可以避裂取手环。

图 226 是木拿场口的冰蓝花，皮下有白雾，故此种老，水好。

图 227 是达木坎的黄金雾，种老，黄夹绿。

图 228 的红雾就比较不错，鲜，活，有灵气，雾下玉肉颜色尚够白，可以取手环，

图 227

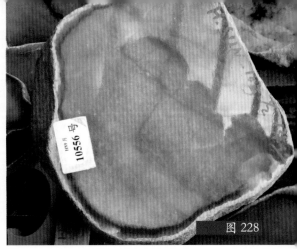

图 228

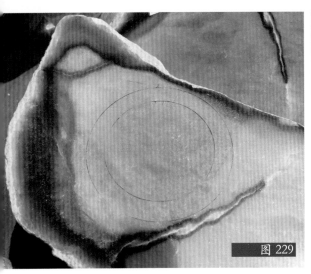

图 229

图 230

图 231

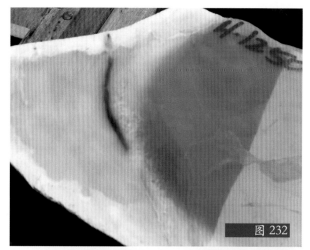
图 232

图 233

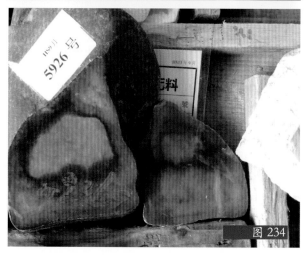
图 234

取货后抛光效果不错。

图 229 这份料子的雾也属于深色红雾，种老。

仔细看这份紫罗兰（图 230、231），皮壳下面是红雾，很薄，对内部品质影响不大，这类型的料子比较少见。

图 232，木拿白雾料子，白雾很厚，种水稍差。皮上有蟒带，皮下有色，色带处种水较好，所谓"龙到头出水"。

图 233 这份摩西沙玻璃种白雾料子，注意其白雾很薄，顶级美丽。

图 234 这份料子虽为老种，但玉肉稍显粗，雾很厚，又为褐红色雾，说明其铁质较多，已经浸入玉肉中，因而肉偏深灰。

图 235、图 236 这份也是红雾料子。很多达木坎料子都是这类型，此类料子切开，都是以红褐雾为主，因此这样的赌石主要就是赌其雾下的玉肉，要是底白就赌涨了，否则就是垮了。

图 237，很多时候雾和肉会形成很多美丽的图案，这些图案不做成品更美丽。

图 238，红雾飘花料子，只是底显灰，取货效果不好。

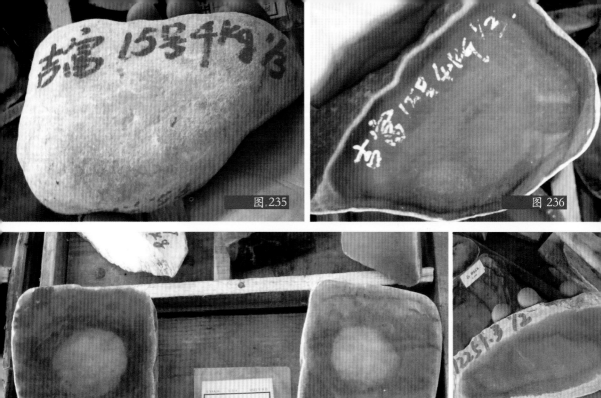

图.235

图 236

图 237

玉石毛料

编号	8003	号
片数	2	片
重量	3	kg
成价	3,500	元

图 239

图 238

图 240

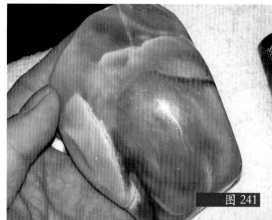

图 241

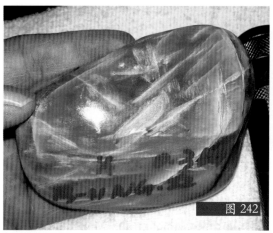

图 242

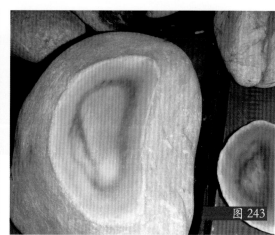

图 243

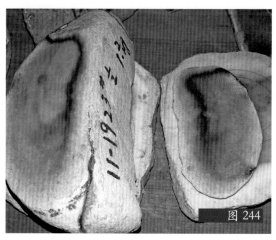

图 244

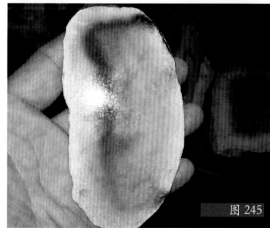

图 245

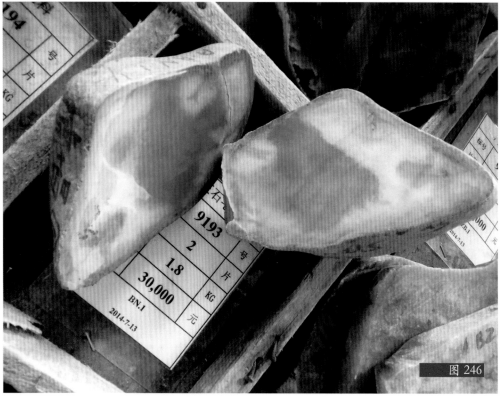

图 246

图 247

图239，三彩红黄雾，很不错，水好，有雾的料子一定要有水才有灵气。

图240，木拿白雾料子，种老，见到白雾一般就能判断料子种老，玉肉品质高，许多达到冰种乃至琉璃种。

图241、图232，达木坎黄雾高色戒面料，色好水好。达木坎料子达到这样种、水、色的料子真不多。

图243，黄雾料子，肉白，有点味道，取其黄雾巧雕一件作品效果不错。

图244、245，黄夹绿的料子，红雾形状有特色，有画龙点睛的作用，缺点就是水干。

图246、247是一份具有双重雾的料子，皮下最外面是黄雾，黄雾下是白雾，最后才到肉。有这样表现的料子也是料子中的奇葩了！

第八章　翡毛料的癣

在玉石皮壳上或切开的玉肉中，有时候可以见到大小不等、形状各异的斑块，颜色有灰色、淡灰色、淡黑色、黑绿色、黑色，这些块状、点状、片状的物质，在玉石行里面俗称"癣"。一般说来，癣是玉肉和绿色的毛病与瑕疵，会严重影响翡翠的美观；但有些黑癣在自然光下看是黑色的，在强光下会变成绿色，这是因为这些癣富含铬元素，与构成墨翠的重要成分钠铬辉石相当或是其近似物质。当这些含铬物质大量富集时，看上去就显黑色，就是我们平时看到的癣的一种。含铬物质就是翡翠形成绿色的重要元素。在翡翠因铬元素富集形成癣的同时，其周边含铬离子的物质在合适的地质环境下进入翡翠硬玉矿物晶体，因其浓度没有过量，便形成绿色翡翠。所以，在翡翠的癣周围，往往很大可能会有绿色翡翠的存在，玉石界有些人说黑色是绿色的根，看来有一定根据，所以翡翠行话里有"绿随黑走"、"有癣生绿"、"癣吃绿"等说法，也有"狗屎底下出高绿"的表述，表明铬元素形成的"癣"与绿色翡翠之间关系紧密。许多赌石行家据此把毛料皮壳是否有"癣"作为判断翡翠毛料里面是否有绿色翡翠的一个重要依据。玉雕师傅们也会将有此种黑癣的翡翠做成很薄的翡翠成品，癣的黑色就会就变成绿色；一些技艺高超的玉雕大师能利用好翡翠中的黑癣，并能将黑癣融入翡翠内容的意境中，化腐朽为神奇，那也会提升翡翠的审美和翡翠的价值。

掌握癣的特性与分布规律，是正确以癣赌色的可靠保证！需要注意的是，形成"癣"的物质除了铬离子富集外，也可能是角闪石、绿泥石类的物质形成的"癣"。这种癣与绿色无关，很有欺骗性。另外，在形成翡翠的过程中，在铬离子的作用下，形成各种玉石绿色；有时也会与黑色混合一起，形成癣夹绿。

翡翠的癣与绿关系十分密切，所以有癣可能有绿，但不一定有绿，这主要看癣的形成的地质环境与构成元素，故坊间有"活癣"和"死癣"之说，如果是"死癣"，其形成影响了翡翠绿色的价格和纯洁，成为翡翠的大杀手，因此以癣赌石是个很难的事！

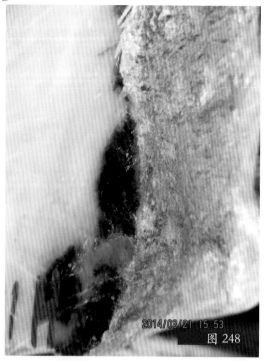

2014/03/21 15:53
图 248

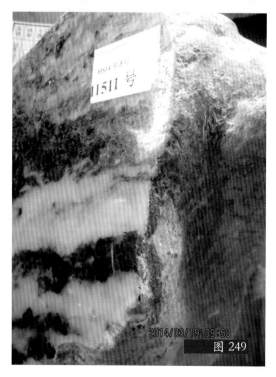

HS14年3月
1511 号

2014/03/19 09:53
图 249

下面以图例来说明一些癣的种类。

黑癣（睡癣）：黑癣（图248）在玉石皮壳上如块、点、片、丝等状态，有的色很黑，发亮，有的却稍微淡不发亮，这种癣会渗透到玉肉里，直接影响玉石美观。黑癣如果和绿色夹杂在一起，绿色和黑色隔得开，构成癣的晶体又横卧在皮壳上，用卡片卡起来看黑癣中有绿色呈现出来，这种癣就可以赌，但一定要认清种底要好，透明度好方可以赌。（这里说说卡片，它是一种像名片的东西，主要是自然光下挡住阳光射到玉皮上的光线，来看折射到玉皮上的投影。如果翡翠种水够，就会从此卡片的底下折射一部分光源到玉肉里面。这种卡片，一般材质用不反光的黑色材料或不锈钢、不易损坏的钢片来操作，是赌玉石行家经常用的法宝之一）。黑癣如果平卧，黑亮色呈带、块状，即是睡癣。如果周围有松花，此石可赌，此睡癣不会深入，有时候把癣擦去就会看见绿色。

直癣（图249）：粗糙的黑色晶体（晶片）直栽皮壳，深入到玉肉内，有时进入玉肉影响玉肉的美观，有时还会带有松花，很迷人，切忌不可以赌。

碎癣（图250）：癣成散在的小块分布在皮壳上，有绿色掺杂，切开一般会变成癣夹绿。

癣夹绿（图251）：指癣与绿色

图 250　　图 251　　图 252　　图 253

相互掺杂，一块绿色一块癣，这种料子只能在雕工上来处理，可以做成花牌和饰品。

白癣（图252）：粗糙的晶体构成白癣，晶体成马牙状。这种是玉肉结构上的毛病，此癣不能赌。

癣带（图253）：癣的形状较宽大，形成带子状，班状，一系列排列表现在皮壳上。一般来说有癣带的石头，有两种情况，一种是种差底差，一种是出好种。所以具体情况要根据石头来看。很多新场石头，有一条像铁锈的带子，那种情况就属于底差的石头。记住，此类带癣的新场石头赌10块有9块输。

枯癣（图254）：癣上没有发亮的晶体形状，好像烤焦的锅巴，是为枯癣。有的枯癣下面有绿色，但其边缘要有松花，色要多，好的才可以赌。枯癣一般黑枯发软，多半进不深，对玉肉影响不大。如玉石有大裂的时候，也会将黑枯截断。

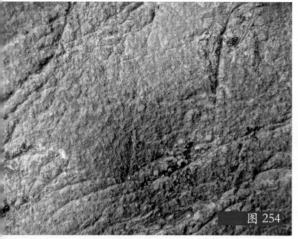

图 254

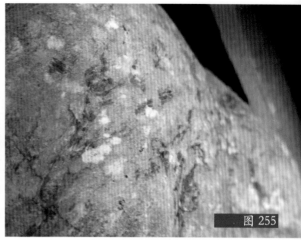

图 255

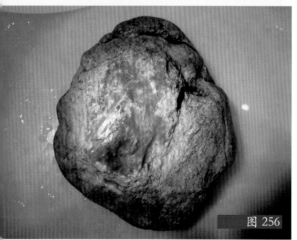

图 256

小黑点癣（图255）：呈点状分布的癣，有的黑点渗入玉肉，有的不会，这要看黑点的密度、间隔，取料时候可否让开。如果能让开，就不会影响翡翠价值，如果让不开，会极大地降低翡翠的价值。

绿癣（图256）：绿色掺杂于癣中，所以癣看起来成绿色，用卡片卡在癣上的时候可以见一点透明；另外一种情况是结癣片在皮壳上也呈绿色一片一片，或者一堆一堆的，与绿松花掺杂在一起。赌石的时候要千万注意，绿癣是癣不是绿色，不要把绿癣当成绿色玉肉。

灰癣（图257）：呈火灰颜色的癣呈现在石头皮壳上，由于有癣的地方构成玉石的结晶比较粗糙，因而看起来像横睡的灰色晶片。灰癣如果进入玉肉，玉肉会被灰癣吃掉变成又干又木的玉肉，此癣杀伤力很大，最好不要赌。灰癣会到处跑，会分散到各处。但是如果集中

图 257

图 258

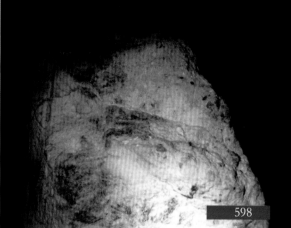

598

在玉石的一半，而另外一半没有灰癣，有松花有蟒的，就可以赌。

癫点癣（图 258）：在绿点松花上有一个黑点，这种癣大多数生在点点松花上，松花的中央就有黑点，有的用强光灯一打或用卡片一卡，黑点就消失了。这种玉石可赌。如果打光黑点仍旧存在不消失，表示黑渗透进去了，色到哪里黑点也会到那里，这样的癣就不能赌。

黑癣夹大块绿（图 259）：癣、色生成大块、大片，癣是癣，色是色，癣不会乱跑，这样可以取料，就可以赌。要注意观察皮壳上的癣是直癣还是睡癣。

膏药癣（图 260）：此癣大多数进肉不深，只是在皮壳上，而色与癣分得开，要注意其癣的厚度，不少膏药癣下面有高绿。所以要好好关注了，这是发财的机会。

角黑癣（图 261）：癣生在玉石的

2014/03/21 16:24

图 260

11154

图 261

图 262

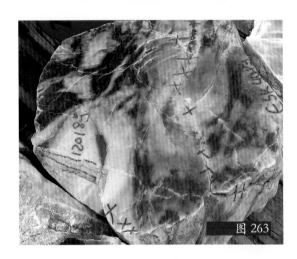
图 263

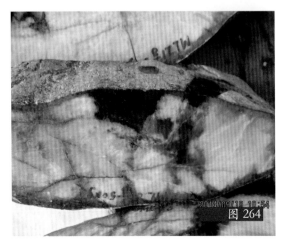
2014/09/19_10:54
图 264

一个角上，所以叫角黑癣。此癣不影响全局。

满个子癣（图 262）：这种癣是最危险的癣，即便有绿也不能赌，往往是癣肉不分。

乃却癣（图 263）：这种癣形状像苍蝇屎一样，颜色呈咖啡色，哪里有绿追到哪里，很危险。

扬色癣（图 264）：眼睛看是黑色，但是卡片卡起来是高色（高绿），癣的生成是和绿色的形成有关，有时在癣的地方，会有高绿色出现，只要能把癣和高绿色分隔开来，玉肉透明细腻，即可以赌。

翡翠都有癣吗？

并不是所有翡翠都有癣，在一些绿色翡翠中才会有可能出现翡翠的癣，但在翡翠手镯或者是翡翠花件等翡翠饰品成品中，也很少会有癣的存在。因为翡翠成品中，癣会影响翡翠的美观，所以在雕刻翡翠时，玉雕师傅往往都是避开翡翠的癣来雕刻，保持翡翠的美观。但有时候在雕刻或加工时，不一定能将癣完全剔除。所以在市场上，我们也可以看到有些翡翠花件中，有翡翠的癣存在，这些癣严重影响翡翠的美观，所以这些翡翠的价格会降低很多（图 265）。

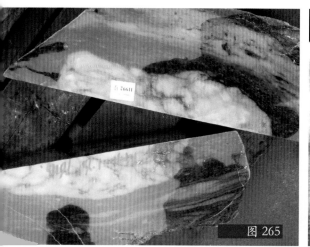

图 265

图 266

癣对翡翠品质的影响

（1）癣的颜色。 翡翠中的癣一般是黑色或者是黑灰色的（图266），在翡翠中显得十分突兀，如果运用得不好，那就是翡翠的瑕疵，严重影响翡翠的美观。这种情况下，癣会严重影响翡翠的品质，降低翡翠的价值。如果翡翠中的癣太多，而且翡翠的种头不好，这种翡翠行业内称为"狗屎地翡翠"，价值极低。

（2）癣的过渡情况。 翡翠行业内有句话叫"绿随黑走"，有黑癣的地方很多时候都会有绿色翡翠。癣为翡翠提供铬离子形成绿色翡翠，如果在形成翡翠时，地质条件非常理想，癣内的铬离子能充分地完全均匀释放出来，这时的黑癣周围就会形成颜色很均匀的绿色翡翠，黑癣由于铬离子充分释放，颜色也是绿色的，这种黑癣会增加翡翠的价值；如果黑癣很多，一大片翡翠上都有黑癣，而且翡翠的种头也不好，这种翡翠就是价值很低的"狗屎地翡翠"；如果黑癣面积很大，分布很均匀，虽然表面是黑色的，但在透光下去显示出很纯正的绿色，这种翡翠叫墨翠，价值也很高。

翡翠B+C货中会有黑癣吗？

翡翠B+C货是经过了强酸强碱等化学处理，再充填有色树脂。强酸强碱等化学处理过程中，强酸强碱将翡翠中的杂质或杂色洗干净，也会将黑癣清洗干净，所以，在翡翠B+C货中，我们是看不到黑癣的，黑癣都被酸洗干净了。我们可以从另一个角度来说，有黑癣的翡翠，一定是未经强酸、强碱等化学处理的翡翠，黑癣的存在可以作为翡翠A货的证据。

第九章 翡翠毛料的裂、绺

裂是指玉石翡翠受外力作用形成的劈理、裂理等，已有明显裂开。

绺是指玉石或翡翠受外力作用或在成矿过程中形成的少量呈定向分布或交错的劈理、裂理、絮状矿物排列或边界并不十分清晰的隐形裂纹等，尚没有裂开。在放大镜下观察，绺有时是多条极细微的裂纹绞合在一起，形成条状的瑕疵，常常杂有污痕而显得难看。

当翡翠有裂绺（图267、图268）都会影响其价值，有绺裂意味着有瑕疵，降低其价值。

作为致密的集合体，翡翠在长期的地质变动过程中出现裂绺很难避免，正所谓"十宝九有裂"。裂绺的问题很复杂，可以说翡翠无裂绺是相对的，大家要理性地对待裂绺。即便一块翡翠一点裂没有，其本身的体积也是有限的，它与同品质的、更大的、有裂的翡翠中相同体积的无裂部分的价值是一样的。

裂的产生有先天与后天之分：先天裂纹是在翡翠生成的地质时代产生，在翡翠生长的后期受到自然界应力作用，如地震、地壳温度的热胀冷缩、河床搬运的撞击

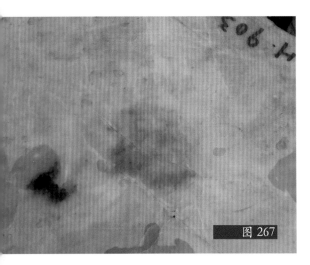

图267

图268

等地质运动过程中受应力形成的剪切或张性裂隙。先天裂纹除有层面特点外，在裂隙里明显有与翠不同的杂质或填充物；后天裂纹是人为作用产生的，包括翡翠的开采、运输、加工过程对翡翠的破坏。翡翠采矿时会采用炸药等手段对大型矿床进行爆破，尤其是新场区的连片裸露矿床。后天裂纹目测特点是裂纹清晰，无填充物，有明显的层面，在侧光下尤其明显。

翡翠是天然产物，裂、绺的存在是不可避免的。为此，在翡翠雕刻中，雕刻师在雕刻时会对有裂绺的翡翠毛料进行"避裂藏绺"，即根据翡翠毛料的裂、绺纹路与形状开料、切片，再选择相应的造型、题材来进行构图、雕刻，以掩盖绺或者裂，这样雕刻的成品就不容易看到绺裂的存在。优秀的设计师和雕刻师傅可以化腐朽为神奇，能将别人认为是裂、绺多的"废翡翠原料"充分利用，雕刻成为一件肉眼不见瑕疵的翡翠精品。

好的雕件具有比光货更高的文化价值。翡翠的裂绺和俏色使雕刻成为艺术，它迫使玉雕者在材料的限制下不断创新，并且从题材上、内容与雕工承载丰富的文化信息。未来随着时间的流逝，那些光货绝大多数只能享受到稀缺性增值，而好的雕件将还能享受到文化性、历史性、艺术性的增值。

玉器行有一句口头禅：无纹不成玉。这句话具有一定道理，如用 10 倍放大镜或肉眼仔细观察一件毛料时，有些小小的玉纹（又叫玉筋）是不足为奇的，这些玉纹除有损毛料的美观外，对坚固性是影响甚微的。

不少玉商都说这种"纹"，其实是天然的"微绺"，比丝还要细，但不是人为

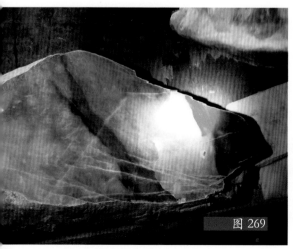

图 269

图 270

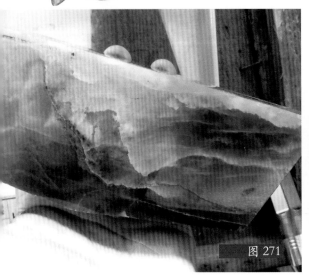

图 271

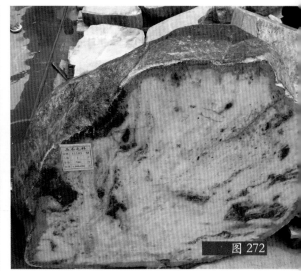

图 272

的，在正常情况下不会影响质地坚结细密的翠玉，除非是人工处理过的 B 玉和染色的 C 货。翡翠本身的分子结构特性是呈纤维状的，故放大看来似苍蝇翅，实际上是细微的波纹，是细小的纤维结晶。玻璃和塑料便没有这些天然的纹存在，因为其分子结构完全不同，并非纤维状，故无纹。

有人以为完美无瑕的翡翠便没有玉纹。事实上不是完全没有，只是像"老坑玻璃种"一类的特级翠玉，结构非常致密，以致纤维状细裂微乎其微，使人看起来浑然一体而已！

翡翠多少都具有颜色，颜色有大片的也有小点的。小面积或点状的绿色、红色、黄色，它们的存在可以使整个翡翠首饰更漂亮更有特点，称为俏色；小面积或点状的黑色、褐色、灰色等，它们的存在可以使整个翡翠首饰更难看更低档，称为杂色；点状的黑色、褐色、灰色等也叫脏点。

不同的人对于瑕疵的理解不同，有人认为裂纹才算瑕疵，有人认为石花杂色也算瑕疵，也有人认为翠性（沙星）都算瑕疵。翡翠行业内基本认同裂纹、裂绺才算瑕疵。比较中肯的观点是：裂纹、裂绺一定算瑕疵；翠性（沙星）一定不算瑕疵；杂筋、石纹、石花、杂色、脏点等如果程度较深足以影响原件的美观就算瑕疵，如果程度较浅对原件的美观没有明显的影响就不算瑕疵。瑕疵的存在多少会影响翡翠的价值，影响的程度深浅的顺序一般是：裂纹、裂绺、杂筋、石纹、石花、杂色、脏点，比如带严重明显裂纹的手镯几乎当成废品，带轻微的石花杂色的毛料对价值的影响有

图273

图274

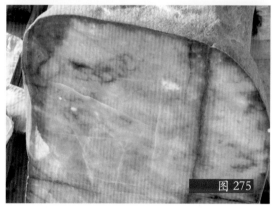

图275

图276

限。另外影响程度还与某种瑕疵本身的严重程度有关。

关于翡翠的裂，前人总结了很多种类与名称，现在列举出来供大家参考学习：

1. 马尾裂

在玉石的皮壳、玉肉上均有发现，形状如马尾巴上面的毛，破坏性极其强，如果间隔宽还可以取料，如果间隔狭窄，就很难取料了，尤其色料。这类裂木拿、回卡场口的料子比较多。

图273是木拿场口的料子，马尾裂很多。

图274、图275这份是回卡水翻沙，种老，裂多。

2. 锅巴裂

此种裂如同烧焦的锅巴一样，这类裂无法取料。很多是新场石头，结构疏松（图276）。

图 277

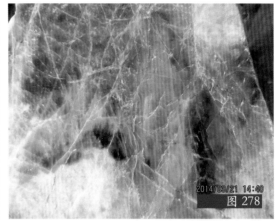
2014/03/21 14:40
图 278

2014/03/21 16:23
图 279

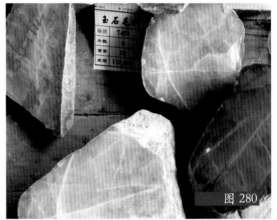
图 280

3．格子裂

形状如同格子一样，如果是色料，主要观察其头尾裂纹深度来判断去裂纹的走向，以便确认从哪里下刀。这类裂在摩西沙最容易出现（图277）。

4．鸡爪裂

形状犹如鸡爪，破坏性极强，有的在玉肉里面才有，有的只在皮壳上有，所以赌石最重要还是看裂的走向。

图278这份料子色带部分不错，可是因为形成大量的裂，很影响取货，别说取手环，就是花牌都难取，正是因为这些裂的存在，这份料子的价值大打折扣。所以要赌赢一块石头，需要去关注的东西太多了，你只要哪一方面错了，依旧是全盘皆输。

5. 火烟裂

裂纹的痕迹上，旁边有一股黑色、黑白色、黄铁锈色的表现。火烟纹一般出现在山石上面此种裂纹会吃肉，使得绿色发生病变（图279）。但是回卡、后江场口的这类裂除外。

6. 雷打裂

犹如闪电印在翡翠皮壳或者肉上，破坏力很强（图280）。

除裂绺外，翠还有石纹的问题。

石纹是指翡翠晶体间结合不够密切而成的细小空隙，这样的细小空隙以线状或以刀口状排列的结构，也就是翡翠业内理解的"石纹"。因为是细小的空隙，所以很多石纹的颜色是白色或乳白色的，如果有外来带色的物质填充就会呈现一定的颜色。如果这样的细小空隙以团状或云雾状排列在一起，就成了所谓的"白棉"、"黑棉"，或是所谓的"杂质"。这些细小的空隙并不等于翡翠晶体间完全不结合的状态，而是稀稀疏疏地结合，结合的牢固性相对比正常的翡翠肉质差很多而已。石纹在透射光照射下容易辨认，而在反射光下并不明显，或只呈现出透明度变化或"翠性"较强的感觉，对翡翠的外观影响较小，而对翡翠的牢固性则取决于细小空隙的大小和多少。

翡翠的石纹和裂纹是两个不同的概念，裂开的称裂，裂愈合后称为绺，都属于翡翠行内理解的翡翠的瑕疵。翡翠的裂纹和石纹可以用人体的伤口来形象比喻，裂纹就像人体刚出现的伤口，伤口间的肉质是可以完全分离的，而石纹就像快要愈合的伤口，还没有达到正常的肉体的致密度，稍微用力，这个快愈合的伤口有可能会分开。一般的消费者由于对翡翠知识的缺乏，分不清翡翠的裂纹和石纹的区别，购买翡翠时容易被误导，将裂纹看成石纹。

裂纹即是翡翠的断裂缝隙，这样的断裂缝隙几乎无法对裂缝两边的翡翠起到粘连和牢固的作用。我们现在看到裂纹其实就是石纹出现的前期状态，如果人类没有把翡翠开采出来，也许再经历数亿年的地质作用，裂纹也会演变为石纹，甚至完全把裂隙生长愈合成为我看到的正常翡翠肉质。

通常说的石纹是指在地质作用下已充分填充的前期裂隙，用手抠时找不到裂痕，它与翡翠的生长纹（翡翠岩石总是趋向于顺着压力小的方向生长）区分开来。它是在岩石运动和压力下，被主体包裹，或者先有裂而被其他物质充填，而且纹路大多蜿蜒流畅，不像裂那样"硬"。有的比地子的透明度稍差的呈团状物，比较干呈块状的叫"石脑"，比较散碎的叫"芦花"，状似棉絮的叫"棉花"，细碎漂泊的叫"雪花"。石纹是地质时代的产物，也是与主体不同的物质，但与裂的形态不同。同时，在光照下不见层面，好像玛瑙的水纹。

　　裂看工，纹看韵。大型摆件多粗料，多有裂，工好，活细，价不高，看着美观，买来无妨。好工就是定要挖去裂，避免上述现象。有石纹的地方，好工都要巧雕，俏色；巧得好，俏得好，价自然要高，这里有工价，更有技师艺术价值。挑选这样的成品时，方法简单：用光照，前后左右地照，不能看到节理层面，就是原本没有裂，已经遮绺了。

石纹产生的原因

　　（1）自然形成。翡翠肉质的生长过程中，翡翠晶体结晶是受到外来物质的干扰，使其生长不完全或生长空间受到影响，翡翠晶体间不能完全交合在一起，产生一定细小空隙，也就是石纹，或石棉、白棉。线状或刀口状排列的石棉就是我常看到的石纹。

　　（2）后期形成。翡翠的整个生长过程中某个时间段受到外来应力的作用，瞬间产生断裂，翡翠晶体断裂或晶体间完全分离，随着后期的翡翠生长，晶体间的空隙又产生了一定数量新的翡翠晶体，在一定程度上填补了断裂的空隙，对翡翠肉质起到了一定的连接和加固作用。

如何识别翡翠的石纹和裂纹

图 281

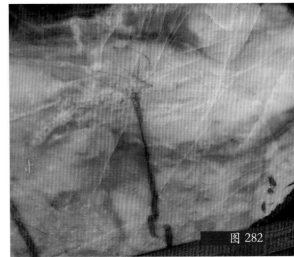

图 282

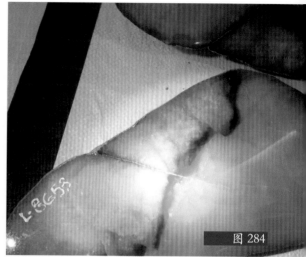

图283

图284

（1）用指甲刮无法确定是裂纹还是石纹的地方，如果明显会"刮""勾"住指甲，或者在刮动过程中明显出现跳跃感的，基本可以认定是裂纹。在刮动时没有跳跃感，只有隐隐约约的摩擦阻力，这有可能是石纹，因为石纹不够致密，表面不是很光滑导致的。

（2）如果还不敢确定是石纹还是裂纹，建议用十倍放大镜观察。十倍放大镜观察下，裂纹是开口的条状结构，而石纹是线状结构，虽然不致密，但相互之间是有密切联系的。石纹看起来很像是翡翠的色根，因为玉石形成的后期会有一些矿物的充填，所以看起来纹理和周围玉石的颜色有差别，裂纹则没有。

第十章　翡翠毛料的底

翡翠的底，又叫翡翠的玉肉，也称底藏，底张，意思就是藏在皮壳里面的底，外面看不见，底的粗和细，透明和不透明，纯净和不纯净，都和翡翠的经济价值有着千丝万缕的联系。翡翠毛料一般有五大底：

一、玻璃底

为无色透明，类似水晶玻璃的透明度，水头约 3 到 10 厘米以上，无棉，用十倍的放大镜看，也没有什么杂质才可以称为玻璃底。事实上，一块翡翠完全达到玻璃底是很难的，所以有一部分达到玻璃底就很好了。很多玻璃底都出在石灰皮壳玉种里，而细黄砂、白泥砂也出玻璃底至冰底的品质。玻璃底是玉肉中的上品，有无绿色价值都高。

图 285 这是 2015 年缅甸公盘上一份非常顶级的摩西砂玻璃底料子，非常不错。

图 286 是一份摩西沙玻璃底的完美顶级料子，很美丽，看过后给人魂飞梦绕的感觉，久久不能忘怀。

图 285

图 286

图 288

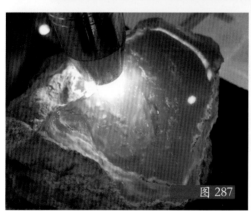

图 287

图 289

图 287 这份摩西沙玻璃种也是顶级中的顶级，做什么货都好看，唯一遗憾就是没有手环。

图 288、图 289 这堆玻璃底的料了，也是超越语言、文字，只有静静观之了。

二、冰底

冰种翡翠半透明至透明，与玻璃种有相似之处，无色或少色，纯净透明，细腻，无杂质，清亮似冰，给人以冰清玉洁的感觉。虽然冰种翡翠不如玻璃种翡翠那样珍贵，但实际生活中，真正的冰种翡翠也是可遇不可求的，如果再带色也是非常顶级的。

冰种翡翠中质量最好、透明度最高的被称为高冰，意思是指冰种中最好的品种，

图 290

图 291

图 292

但又未能达到玻璃种的程度。图 290 是一份木拿场口冰地带色花的料子，有水路的地方为高冰。

图 291、图 292 这份料子是木拿高冰种清水料子，有点淡淡的底色，很有味道。

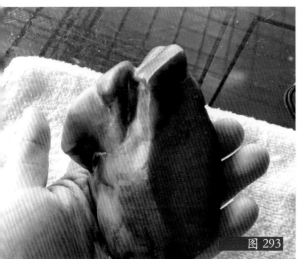

图 293、图 294 是达木坎水石，冰种阳绿，戒面料，起货高。

三、糯冰底

糯冰是介于冰种和糯种的一种翡翠，比冰种差一些，又比糯种好一些，玻璃底要在 1cm 处能看清下面的字的才能算，差一点的就成了糯底。

图 295、图 296 是一份达木坎水石，种老，糯冰，有手环，糯冰的东西最大特点是"柔"，即透明度差一些，反光不那么强。

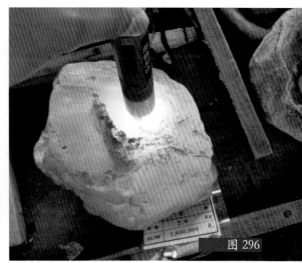

掬水闻香话赌石

图 297

图 298

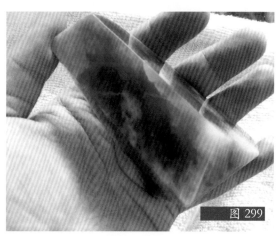

图 299

图 300

图 301

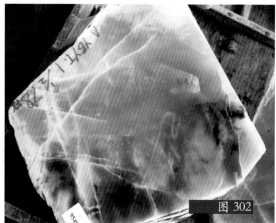

图 302

图 297、图 298 是典型的糯冰种料子，底色偏黄，起货出来偏柔，也就是因为结晶颗粒较大，密度差一些，硬度也差一些的缘故。

图 299、图 300 这份是摩湾基的高色糯冰底料子，色辣，起货高。

图 301、图 302 是木拿场口料子，糯冰飘花，种老，手环料。

四、豆底

翡翠中品质很好的玻璃种、冰种料子极少，最多、最为常见的是豆底。豆底的特征一目了然，绿色清淡，多呈绿色或青色，质地粗疏，透明度犹如雾里看花，绿者为豆绿，青者为豆青。豆种翡翠往往用来做中档手镯、佩饰、雕件等，几乎涵盖了所有翡翠成品的类型。其实豆种翡翠本身也是一个庞大的家族，简单点分类就有豆青种、冰豆种、糖豆种、田豆种、油豆种和彩豆种等近十种之多。旧时商界称翡翠有"三十六水、七十二豆"，泛指翡翠的品种繁多，而并非是豆种翡翠有七十二种之多。

图 303 是龙潭场口的豆底带色翡翠，这类翡翠是市场最喜欢

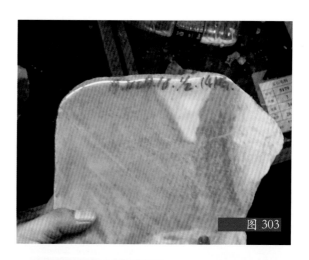

图 303

图 304

图 305

图 306

的东西，满色，手环料。

图 304 是帕敢基的老坑料子，豆底，豆色，种老，花牌料。

图 305 这份是回卡底层黑皮豆底料子，高色，色丝丝局部到糯冰。

图 306 是三夹崩场口的豆底色料，色带部位色正，很好的手环料。

图 307 是一份摩湾基的豆底料子，色的部位面积很大，可取满色手环。

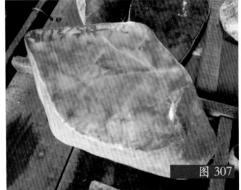

图 307

图 308

五、狗屎底

指翡翠的地张质地粗糙，水头短，底不干净，常见黑褐色或黄褐色，犹如狗屎一般的色泽。翡翠的底与翡翠的绿色互为依存，关系非常密切。一般来说，绿色种水好的情况下，底通常也不会太差，反之

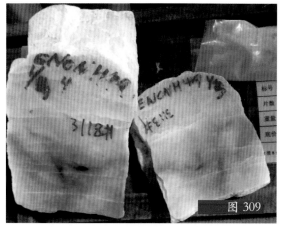

图 309

图 310

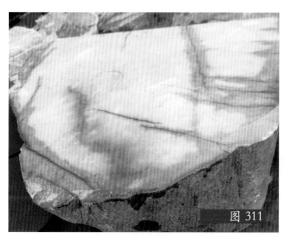

图 311

图 312

亦然。这里主要提醒大家：不要忽视翡翠绿色的特殊性。虽然不是每一个"狗屎底"都会有高档的绿色，但是"狗屎底"中可以出现上等的绿色。

图 308 是摩湾基场口的料子，正宗的狗屎底出高绿。

图 309 是一份马萨场口的料子，底为狗屎底，但是也出高绿。

图 310 是回卜场口狗屎底的料了，也是山了高绿。这就是验证一个成语"否极泰来"。

图 311，狗屎底的东西如果不带色，基本没有什么价值，但是赌石有时候往往是最不起眼的东西，切开来会让你惊喜。大自然都是有得必有失。

图 312 就是帕敢老场口的乌沙料子，正宗的狗屎底出高绿料子。绿色的地方水好、种好、都可以做戒面了，其他地方则惨不忍睹，完全是石头。

第十一章　翡翠毛料的新老程度

很多玉友都问过我同一个问题：底粗的翡翠一定是种嫩吗？反之呢？这里我就要用达木坎水石来说说。很多情况下，水石都是次生矿，经过搬运、冲刷、埋藏等等地质作用，其密度一般要高于原生矿（即我们所说的山料），所以种老。我的定义是密度大的翡翠种必老，但是共生体除外；而种老的东西未必底细，很多老种的翡翠底也粗，这是两个概念要分清楚。翡翠的微妙法门就在于细微的差别，这是最难把握的，需要不断的知识积累和阅历，再加上实践。

由于翡翠的成因不同，地质环境不同，成矿时间、成矿条件不同，各场区场口所出的块体，自然形成了种的差异。从块体外部的表现到内含质地，无不带有自身的特征，种水的优劣好坏，决定着翡翠的品质和价值。就缅甸翡翠的种类而言，基

2014/09/19 10:25
图 313　花青料子

图314 皮壳很老的毛料，其内在玉肉品质却并不是很好

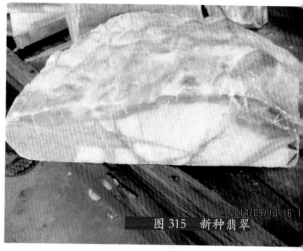

图315 新种翡翠

本上可以分为老种、新种、嫩种、变种四个大类。

长期以来，有些人把种、底、色混为一谈，认为底张（也有称为地、地张）透明度好的是老种，透明度差的是新种。且不知四大种类都有透与不透的底张，怎能以透明度来认定种分。翡翠成品大多只见底张和颜色，故而就有了花青种、金丝种、芙蓉种、玻璃种等等之说。不错，判断成品的种分确实有一定的难度，但只从形象定种分，翡翠的种就多得无法区分了：花青，按行话讲，是在略透的白底张上起点状正色绿，此类物件属中低档次；金丝种，指的是在底张上起丝状的绿条，属中高档次的物件；芙蓉种应为荷花颜色，是行内借用来形容底张的华美，而不是指它的颜色。类似这些称呼都不是对种水的说法，只是底张与色状的配景，较好的提法应该是白地青、金丝翠、淡水绿，这样较为清楚恰当。

老种：成矿年代早，块体生形饱满，皮壳颗粒明显，雾层均匀，底张致密，颜色鲜明。常见的有山石、水石、半山半水石，都是老种的同质多象。老种的成分稳定，结构严紧，硬度高，比重足，发育完善，具备了正宗翡翠的品质，表现出翡翠作为宝石所应有的优点。古往今来，所有高档首饰和雕件，无不是取材于老种石。但是，老种石也有差异之分，有的老种石只经历了一次风化，没有雾层，颜色不够浓艳。有的老种石结晶颗粒较粗，底张不够细腻，常显得水分不足。有的老种石，绿色的蓝味过重，黄味不足。有的棉突出，有的裂纹太多等等。总之，自然形成的老种石，也存在着这样或那样的缺陷与不足。反之，就显示不出老种石的珍贵和难求。老种石和新种石相比，可用率可达75%以上。缅甸每年平均出产的老种翡翠约为50%以上，一直占有主要地位。

新种：缅甸的新种翡翠（图315），是典型的原生矿，没有风化过程，因而没有皮壳，也没有雾层，这是新种翡翠的基本特征。比较老种而言，其致密程度低，韧性弱，易断裂，颜色浅淡而色性显弱，成分中含铝较多，比重偏轻，硬度稍软。但新种的块体较大，底张不失玻璃光泽，仍是硬玉中的上品。新种石多用于雕件及中低档饰物，新种翡翠每年平均出产量约为20%。

嫩种：是原生向次生过渡的特殊产物，块体有沙壳，也有水壳，有的有雾层，有的没有雾层。因风化不足，皮壳厚薄不均匀，沙粒零乱无力，受土壤颜色的浸染比较明显。皮上松花多为暗淡而干燥，雾层较薄且易串皮。若有秧，秧的亮度弱。因嫩种石的 Si 和 O 不足，一般都显水短；比重够而硬度差，硬度够而比重轻。嫩种石最大的遗憾是颜色极不稳定，因硅和氧不足，一经切割磨制，随着时间的推移，颜色容易变淡，五分绿色降为四分以下，且光洁度低，光泽只在玻璃与油脂之间。尽管嫩种石还不够成熟，在许多中档以上的饰物中，仍有不少是以嫩种石为原料的，一经色泽稳定后，还是难得的好翡翠。嫩种石的年平均产量约为15%。

图316　嫩种翡翠毛料，业内人士常称之为新场石

变种：翡翠变种，是一切自然矿物都会发生的正常现象。从成因上看，许多应该形成翡翠的块体，都是岩体在变质、交代的过渡阶段，因地质作用发生了异变，使其不能成为正宗翡翠。变种翡翠在成分、结构、物理性

图317　典型变种翡翠，翡翠与水沫玉共生体

上都有差异，在外形上有翡翠的特征，因而使人难以区分和认定。变种翡翠的表现，多见场口不明，种底难辨，皮肉不分，结构疏松，硬度低，比重轻，水短色邪，而且容易碎裂。绝大部分的变种石都不能进行切割和制作成品，基本上没有价值。极少数的变种翡翠，因其绿色诱人，可以做为欣赏石保留，也可以作为鉴别真假优劣的标本。变种翡翠混杂在正常翡翠的场口之中，时有发现，每年的平均量为15%。

图318

"八三玉"翡翠

1983年在缅甸北部发现一种新类型的类翡翠玉石，其物理、化学特性及加工为饰品后的观感等都与原来人们认知的翡翠有所不同，早期因为获取信息不充分，国内对它缺乏了解，名称相当混乱，有的称其为"巴山玉"、"爬山玉"、"八三花青"或"八三种"，也有的将其称为"硬钠玉"、"钠长硬玉"等。至20世纪90年代后期，它在我国宝玉石界被正式称为"八三玉"。

图319

八三玉的岩石学名称为"蚀变硬玉岩"，矿物结晶粒度一般在1毫米以上，最大的实测达4毫米。八三玉的矿物组成较简单，其主要

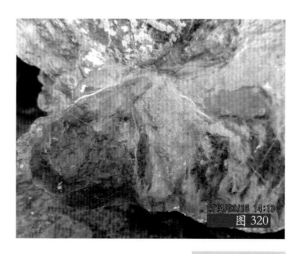
图320

矿物为硬玉，其次是少量辉石族矿物绿辉石和闪石族矿物碱性角闪石。通过对八三玉镯检测获得的结论，八三玉最终确定为由硬玉为主要矿物成分（90%）组成的翡翠范围；由钠长石组成的钠长石玉（即水沫子）不属八三玉范畴。

八三玉受到强烈地质应力作用，显微裂隙、微裂隙及晶粒间的晶间隙都十分发育，具有中粒和粗粒结构的特征，即我们常说的底粗、结晶颗粒粗、裂多，易于进行化学处理（如酸洗）；且其透明度较差，又很需要通过处理增加其透明度。故此，现在我们市场上所见到的八三玉玉器成品中，90%以上是经过处理的B+C货。

经处理后的八三玉B+C货晶莹通透，且常飘蓝花，初看很是漂亮美观，它的售价仅为正常翡翠A货的几分之一乃至几十分之一，可谓物美价廉，故易为知识匮乏的翡翠爱好者喜爱。需要注意的是，一些不法商人常将它当中、高档翡翠A货出售，谋取不正当利益，故要认真鉴别，以免上当受骗！

图318、图319、图320展示的是国内公盘出现的八三石毛料。需要说明的是，不管是缅甸公盘或国内翡翠毛料公盘，出现非翡翠毛料时，主办方一般都会在标签上注明其具体名称或予以说明。

在翡翠产业中，除开采环节之外，"翡翠赌石"最具神秘色彩，一是因其有皮壳包裹，内部情况变化莫测，致使"神仙难断寸玉"；二是翡翠知识本身博大精深，若非多年的经验积累，很难掌握；三是大众对赌石了解有限。即便是业内人士，对赌石的认知也难以全面、深入，一是因为主观、客观原因，相关信息传播渠道不畅，二是迄今为止关于赌石的信息量少，专业书籍缺乏。中国有大批的翡翠赌石爱好者，迫切想了解最新、最实用、最具实战性的翡翠赌石知识，因此我们才不避才疏学浅，以"抛砖引玉"的态度，将自入行以来对翡翠赌石的一些认知、个人体会与感悟写出来，策划、编写了这本《掬水闻香话赌石》，满足广大翡翠爱好者的需求，与大家共同学习与进步。

翡翠赌石行有句话叫做"翡翠无专家"，并且随着翡翠原石、毛料矿区开挖的加速，与此相关的知识不断丰富，也不断更新；今天认为正确的说法与认知，明天就可能会被矿区开挖的实际情况证明是错误的。翡翠研究是一门不断变化、不断进步与日益丰富的学问，是一门有必要终生学习的课程。基于自己的认识有限、赌石知识的博大精深与日新月异，我们书中的错谬之处在所难免，望各位业内行家予以谅解并批评指正！

本书文字内容主要是以作者之一的掬水闻香"搜狐博客"中翡翠赌石、翡翠公盘等的博客内容加以编辑整理，并增加了一些基础性、知识性的内容撰写而成的，通过图片＋点评的模式，以图文并茂的形式生动解读了翡翠赌石相关知识，揭开了许多翡翠赌石的奥秘，并有感而发的抒写了一些与赌石相关的个人感悟。

本书部分文字参阅了江镇城所著《翡翠原石之旅》和其他国内翡翠专家的著述与文字，在此向各位前辈们表示感谢。因本书并未涉及大量引用前辈们的文字与著述，故书中未一一注明出处，特此说明。

本书由掬水闻香与独坐幽篁合作编撰完成，其中前言、第一章（翡翠毛料公盘简介）、第二章（翡翠毛料的种、水）、第三章（翡翠毛料场口）、第五章（翡翠毛料的皮壳）、第六章（翡翠毛料的松花、蟒带）由独坐幽篁编写；第四章（翡翠毛料的颜色）、第七章（翡翠毛料的雾）、第八章（翡翠毛料的癣）、第九章（翡翠毛料的裂、绺）、第十章（翡翠毛料的底）、第十一章（翡翠毛料的新老程度）由掬水闻香编写，书中图片大部分来源于作者之一的掬水闻香多年拍摄的缅甸、国内公盘与云南、广东等地翡翠交易市场的照片，少部分来自作者之一的独坐幽篁在云南、广东平洲翡翠市场与公盘所拍摄的照片。

这本书的出版是起点而非终点，仅是我们珠宝系列文化书籍的第一本，今后我们会编写出版更多的相关书籍，普及珠宝知识，满足越来越多的珠宝爱好者需求，推动珠宝产业健康发展，为传承、传播与弘扬中国传统文化作出我们应有的贡献。

　　向对本书的出版给予大力支持的平洲玉器协会、《平洲玉器》杂志、恒盛公司等表示谢意。

　　最后，向为本书的编辑、出版而辛勤工作的云南出版集团领导、编辑们及所有为本书的出版做出过贡献的相关人士致以诚挚的敬意，也感谢为本书写序、给予我们鼓励与鞭策的摩休老师、潘建强老师！

云南永徽文化传播有限公司

掬水闻香　独坐幽篁

2015 年 12 月 5 日